上下左右

Up, Down, or Sideways

（美）马克·桑布恩 Mark Sanborn / 著
郑志勇 赖伟雄 / 译

世界知识出版社

图书在版编目（CIP）数据

上下左右 / (美) 桑布恩著；郑志勇，赖伟雄译.
-- 北京: 世界知识出版社, 2012.3
书名原文: Up, Down, or Sidoways
ISBN 978-7-5012-4226-9

Ⅰ. ①上… Ⅱ. ①桑… ②郑… ③赖… Ⅲ. ①成功心理—通俗读物 Ⅳ. ①B848.4-49

中国版本图书馆CIP数据核字(2012)第021184号

图字：01-2012-0770号

选题策划　赖伟雄　张庆棠
责任编辑　张永椿
特约编辑　卿　艳
责任出版　刘　喆

书　　名　上下左右
Shangxia Zuoyou
作　　者　(美)桑布恩
译　　者　郑志勇　赖伟雄

出版发行　世界知识出版社
地址邮编　北京市东城区干面胡同51号（100010）
电　　话　010-65265919（直销）　010-65265923（发行）
网　　址　www.wap1934.com
印　　刷　环球印刷（北京）有限公司
经　　销　新华书店
开本印张　880×1230毫米　1/32　5.5印张
字　　数　70千
版次印次　2012年3月第1版　2012年3月第1次印刷
标准书号　ISBN 978-7-5012-4226-9
ISBN 978-1-4143-6221-2
定　　价　25.00元

好评如潮

马克·桑布恩的新作《上下左右》继续帮助你打造成功的事业和人生，它将引导你正确看待生活中的顺境和逆境。谁需要读这本书？所有人！

——畅销书《一分钟经理人》及《领导者的秘诀》作者

领导力大师　肯·布兰佳

马克·桑布恩对顺境、逆境及平常境况的观点有着全新和正确的理解。他写的每一本书对我的思想影响都很大，而这本书更激发我去行动。每一章都激励我不同地思考，不同地行动，不同地观察。无论你处于顺境，逆境还是平常境况，这些永恒的原则都激励你不断前进。

——著名牧师、作家

畅销书《吸引成功的心态》、《圣地家书》作者　闻道乐

我们的生活和事业就像乘飞机一样，一定会经历颠簸和震荡。所有飞行员都经历过上下起伏、艰难前行的考验。在

本书中，马克·桑布恩为你提供的是一份丰盛的飞行计划，将有助于你为迎接人生的颠簸和振荡做好充分的准备。

——美国西南航空公司前总裁

The Wind of Turbulence 作者　霍华德·普特南

在我们Zappos公司，我们的核心培训课程之一，就是围绕着《邮差弗雷德》这本书而设计的。所以，马克·桑布恩的新书使我兴奋不已。如果你在困难时期需要如何成功的勇气和理念，我建议你阅读本书。

—— Zappos.com 公司CEO

畅销书《传递快乐》作者　Tony Hsieh

捧在你手里的是一本改变生命的书，它将使你对事业和人生有全新的认识。马克真诚而又智慧地激励我们从人生的逆境和事业的挫败中重新得力，指引我们享受信仰、家庭及友谊所带来的快乐。读《上下左右》吧，你所关心的家人和朋友会因你在顺境、逆境和平常境况中所走过的路而受益。

——畅销书 *Zappos Experience* 作者　约瑟夫·米歇尔博士

留意一个更好的浪潮吧！马克·桑布恩的书充满着新鲜和有用的忠告，帮助你重新焕发自己，并快速腾飞。

——著名企业管理顾问

Poke the Box 作者　塞夫·高汀

无论你处于何种状况，顺境、逆境或平常境况，马克都能引导我们回到始终不变的核心原则上。如果你想把“有益的应该”付诸行动，就应该读本书。

——《纽约时报》百万畅销书

Mojo and What Got You Here Won't Got You There 作者

马歇尔·库比恩博士

马克是一位杰出的演说家和领袖，他以坚定的信念和丰富的经历诠释成功。本书充满实用建议和智慧珍珠，值得你学习、默想和剖析。在你的事业和生活中学习使用它们，无论你做什么，都能创造可持续的成长和财富。

—— Great Harvest Bread 主席及 High Point 大学校长

尼多·库比恩博士

无论你处于人生的何种境遇，顺境、逆境或平常境况，毫无疑问，马克的建议可以帮助你取得更大的个人和生意成功。我读过很多的书，但我强烈向你推荐本书。

——《成功》杂志出版商

畅销书 *The Compound Effect* 作者　达伦·哈代

前　言

有益的“应该”

几年前，加拿大朋克乐队发行了一首名为《闭嘴》（*Shut Up*）的单曲，有这样两句歌词：“不要告诉我该做什么，我不想浪费时间。”接着副歌唱道：“闭嘴，闭嘴，闭嘴，我不想听。”

这听起来不太舒服吧？

遗憾的是，当有人给我们建议时，我们也很容易采用这种态度，即使是最成熟的人都难以避免这个问题。我们经常抗拒接受别人的建议，讨厌别人告诉我们“你应该怎么做”，因为这让我们感到很受束缚，毕竟，我们都想“我的地盘我做主”。

当我们拒绝那些“应该”时，我们通常会把婴儿连同洗澡水一同倒掉。也许有些建议会带有批评性，显得很霸道，但有些建议是有益的，是我们需要的。我将后者称为有益的“应该”。

我的母亲（我相信你的妈妈也如此），会叮嘱我“你应该刷牙”，“你过马路应该看清楚两边再走”，“你应该友善待人”。我们长大后，来自父母、老师、教练、老板、牧师、朋友以及辅导顾问的建议越来越繁多和复杂，让我们的耳朵听得都要生茧了。

幸好，我们生活中有一些明智和关心我们的人，依然会给我们这个那个的“应该”。这些“应该”经历了千百年来的实践考验，被证明是真理和非常有价值的。虽然我们已长大成人，但并不意味着我们只能从自己的经验中学习，而不从别人的错误和成功中学习。如果能从别人的失败和成功中学到，如果可以从别人那里得到提醒并少走一些弯路，为什么还要重蹈覆辙呢?

本书讨论的，就是那些你应该做的事情，也是我们所有人都需要做的事情。我为了得到洞察力而读书；我为了分享一些我相信能帮助别人的好想法而写书。这些“应该”，是我总结自己的人生经验和错误而得出来的，目的不是控制或操纵任何人。你完全可以自己决定如何使用这些建议。

我们的医生、会计师、律师、配偶、朋友、同事、牧师和投资顾问都在告诉我们应该做什么。对我们有益的建议，我们就应该接受。明智的人总是去寻求有益的“应该”，然后付诸于行动。

本书的思考模式和方法都是基于原则的，而原则是不会改变的。它们穿越时间、文化和环境。会改变的是如何应用。比如，在整个人类历史中，沟通的原则从未变过。当你向别人表达一个想法，让他们能够知道和理解，并能付诸于行动时，沟通就发生了。而它的应用从书信到传真，再从电子邮件到如“脸谱（Facebook）”这样的社交网络，随着文化和科技的飞速发展，已经发生了翻天覆地的变化。

推动成功的核心原则也从来没有改变过。有些应用的方法已经发生了变化，但原则依旧不变。它们是非常好的建议。你应该采纳，我也应该。然后我们应该和别人分享。

在此我要向加拿大朋克乐队表示敬意。

——马可·桑布恩

目录

第一部分 看

Up, Down, or Sideways

“看”字，看上去如此简单，对吗?

自出生起，我们就能看见周围的世界;

但是，“看”并不只是看着你周围的世界，

更要明白现象背后的意义。

某个人也许看到滔天巨浪，而冲浪者看见的却是

机遇。某个人也许看到一个障碍，而成功者

则看到起跳板。你愿意张开双眼吗?

经验的价值并非在于看得多，

乃在于看得睿智。

——加拿大医生 威廉·奥斯拉

第1章　冲浪者的处境

与变化的波浪互动，

创造你想要的结果。

2008年，我遭到了三重打击。首先，我的首要经济来源——演讲费，收入下降了20%；第二，我的金融投资失利；第三，医生诊断我患有前列腺癌，但肯定不是最后的打击。

一次打击。两次打击。三次打击。对吗？

但也不完全如此。这一年肯定不是“全垒打”的一年，而且，我认识一些人，他们的遭遇比我更惨。这只不过是人生这一漫长游戏中的中场时段。令我惊讶的是，那充满挫败的一年，最终竟为我带来了一个巨大的好处：全新的见解。

如同大多数见解一样，我的见解也是在时间的熔炉中逐渐成型的；不是几天，而是数月甚至数年前形成的。我不知道它们渗透在我的心思意念中已有多长时间，但我确实知道，它们是在那一年的十二月，我做了前列腺手术后，在卧床八天的康复时间里，极为清晰地从思想深处扑面涌来。

直到第八天，我才知道手术已经成功地阻止了癌症的扩散，简而言之，在那段期间，我的内心充满了对生命如此不确定性的思考。我看书、读报纸、读杂志，直到我的视线模糊，接着又转向电视。电视节目所报导的都是全球金融危机以及日趋严重的经济衰退等信息，好像我需要有人提醒我的生意和投资都失败了似的。

在全世界范围内，形势都变得很严峻。不管你住在这个星球哪里，每一个人都受到了金融危机的影响。

在股票市场跌到谷底、开始回升时。我退出了股票市场，许多专家，包括当时给我提供建议的那位很聪明的专家，觉得市场会再次见底，提供了一个即将到来的让我重新恢复的绝妙机会。但事实上没有。

那时我的业务情况很不好。作为一名作者以及专业演讲人，我大部分的收入来自于会议上的演讲。全国几家知名的公司被媒体抨击（甚至遭国会抨击），因为他们在广告和会议上花费太多；所以会展业——也就是我维持生计的地方——几乎和股票市场一样萧条。

我的生意走下坡路。我的财务状况走下坡路。我的健康也开始走下坡路。但直到那一年，我才感受到这三者同时发生时所带来的冲击。

然而，尽管听起来很奇怪，但当时所发生的任何事情都无法动摇我依然蒙受恩典的信念。无论是读书、看电视，或是医生告诉我在接下来的日子可能会发生什么，还是在我个人的生命中发生的任何事情。

为什么呢？

信仰、家庭和朋友不是成功盛宴后的甜点，而是成功本身。

首先，尽管这看似简单，但信仰、家庭和朋友的重要性，对我来说不容撼动。它们不是成功盛宴后的甜点，而是成功本身，至少对我来说是这样的。

我不知道成功有没有一个所有人都认同的定义，但我确实知道，成功肯定不只意味着物质财富。我有机会和社会不同阶层的人培养了友谊，从清贫的穷人到百万富翁和亿万富翁，把成功单纯定义为或主要定义为“净资产”的人屈指可数。当我寻求更深刻的答案时，我询问的大多数人都将成功定义为他们的生活质量，包括健康、有意义的工作、人际关系、服务、休闲、学习和信仰。这些东西都混合在一起，创造了我们所称为的成功。

我依然感受到恩典的另一个理由是，我知道我所面临的挑战，尽管看上去很艰巨，但我完全可以运用我在整个成年生活中所实践过的策略，迎难而上，克服它们。换句话说，尽管我的生活没有之前那么潇洒了，但我有几个明显的理由相信，生活也没有像表现的那么糟糕。我意识到，当时冲击我的所有力量，几乎都是在我掌控范围之外的，但我这些年一直做的一些事情，有效地抵消了负面影响。

我的会议演讲预约少了，但还不至于像我认识的一些讲员那样下降了70%。这些年来，我努力为客户提供价值（从方方面面来说都是如此），我相信自己所创立的声誉，为我提供了坚实的基础，避免我经历更多的挫败。

尽管我的投资遭受了严重的打击，但远远没有将我打回穷人的圈子。我在俄亥俄州的一个农场长大，我父亲的节俭几乎可以用“偏执和疯狂”来形容。我祖父经历了20世纪30年代初的经济大萧条。父亲把一个最重要但也许是最不复杂的理财方法植进了我的脑袋，那就是，花的钱一定要少于赚的钱。因此，尽管我的投资组合增值锐减，我依然有结余。

手术后，我躺在床上那些天，我的病情仍悬而未决。但我知道，我已经做了几件有利于身体康复的事情。我小时候体重超标，但我不喜欢成为被取笑的对象，所以我早早开始锻炼身体。步入成年阶段，我经常做运动。尽管我从来没有达到竞技水平，但却养成了一种积极的生活方式。我确信这对我的康复有利。手术八天后，我就恢复了动感单车训练（当然是经过医生允许的）。

如果你想在顺境、逆境和平常境中都取得成功，你必须学会识别，还要和一些比你能量更大的人一起工作。

无论你是谁，在某个时候，你都会遇到自己无法掌控的处境。但即使在最艰难的时期，你依然可以做一些事情，来帮助你成功。事实上，无论是在顺境、逆境，还是平常境况，这些都是你我应该做的事情。这正是本书的核心信息：如何将顺境最大化，使逆境最小化，在任何时候，都尽可能地成功。

逐浪

在生意场上，人们都说要积极主动。但让我们先弄清楚一点：积极主动也是有限度的。积极主动通常是关于我们所做的事情，但这些事情并不是我们都能够掌控的。我们在生命中要面对的大部分事情，都在我们的掌控以外。

想证明这一点，很简单，拿起一份当地的报纸，看看有多少事情是你可以掌控或影响的。结果都是一样的：一样都没有。即使报纸提到了你的名字，你也很难控制这篇文章所描述的事情。你能期盼的最好情况，大概就是你的名字没有被写错。因此，即使你行事积极主动，但周围有很多比你更强大的力量，是你无法控制或影响的。

另一方面，我们也知道，在生意场上，消极被动是“死亡之吻”。如果你一生都被动地回应所发生的事情，那么就会像我母亲警告我的那样，你只能感叹时间总是不够用，钱总是不够花。

因此，我们发现自己陷入了一种困境：如果被动回应是“死亡之吻”，个人事务之外的积极主动又是一个神话，那么我们还剩下什么呢？

答案是：互动。

我们想象一下冲浪者。只有造物主能够制造并控制波浪。但一个优秀的冲浪者则会设法与波浪互动，以创造他或她所期待的佳绩。首先不要忽视的是：好的冲浪者寻找好的波浪。从个人角度来看，他们是积极主动的。他们不只是高呼："这是大海，让我们去冲浪吧！"他们还观看天气，查看海岸线，咨询朋友，尽自己所能地寻找最好的波浪。

你若想在顺境、逆境或者在平常境况都获得成功，就必须学习如何判断并与那些比你更强大的力量互动——外部环境、你的生长背景、政策法规、自然灾害以及其他"巨浪"。

我们无法控制那些力量，正如冲浪者无法控制波浪那样。我没有引发次贷危机，我没有促使大企业减少会议和聘请讲员，我也没有做任何使自己患上癌症的事情。但我却被这些事情所影响，接受挑战去面对它们。我的成功几率，一定程度上取决于我如何和这些力量互动，以便创造我所想要的结果，正如顶尖冲浪者所做的那样。

但是，这里没有任何保证。无论你有多好，有时候，一个巨浪就可以将你淹没。即使是最棒的冲浪者也会被浪打翻。而在其他时候，不管你多么想冲浪，波浪就是不够大。你只能四处划桨，或者找其他事情来做。

我从小在俄亥俄州的扬斯敦北部长大，记得小时候，当地还有钢铁厂，但钢铁厂不断缩小规模，解雇工人。被解雇的工人当中，有不少是二三十岁的青年人。电视台记者问他们："你们将来准备做什么呢？"通常的回答是："我父亲从前是钢铁工人，我爷爷从前也是钢铁工人，其他我不知道我还能做什么。"我记得，即使那时我还很小，听到这样的回答后，我心里想："你在开玩笑吗？"

我父亲从前是农民，我爷爷从前也是农民。难道这就意味着我也只能当个农民吗？当然不是。实际上，无论是我哥哥还是我自己，都对家里的农场不感兴趣，因此，我们得以追求自己的梦想。但确实有太多的人一辈子在膝盖深的海水里漂来漂去。当环境普普通通、不好也不坏时，也就是说，你没机会驾驭大浪，也没有被大浪打翻，或许你需要回到岸边，去寻找另一项活动。尽管不能驾驭大浪，你依然可以创造预期的结果。

这就是冲浪者的处境。如果浪适中，与你的技能相称，你可以做得很好；如果浪太大，你会被波浪打翻；如果浪太小，你无法驾驭它们。像冲浪者一样，你必须知道如何与比你更强大的力量互动，以此来达到你期望的结果——也就是你所定义的成功。我相信本书可以帮助你做到这一点。

“你”经济

那么，你读这本书的时候，是在哪里呢？

我不是指物理上的位置，比如，坐在飞机上或在阳台上，我是指，你处在生命中的什么位置？

顺境？逆境？还是平淡无奇？

事情进展不错吧？你是否刚刚得到一份新工作，涨了工资，获得一大笔奖金，与相爱的人终成眷属？你是否在身体上、情绪上、经济上以及灵性上，都处在生命中的最佳状态？你的孩子全都是童子军，是从来不会遇到困难的优秀学生吗？（“童子军”是一个英美国家相当有名的少年儿童组织，用以培养少年成为健康快乐、对社会有用的未

来公民。译者注）

或者，你的境况一团糟？刚刚失业，家人病重即将离世，或发现你的配偶有婚外情，为了第三者要离开了你，或者你的孩子正陷于某种不良嗜好当中，与不良同伴为友，把你逼到情绪爆发的边缘？你是否负债累累？

又或者，你的境况介于两者之间？或许你的情况过得去，没有什么更好的可以期待，但也没有实际的威胁？你的感觉是否像心理学家弗洛伊德所说的那样："舒适地麻木？"

我无法预测经济形势会如何发展，即使可以预测，也无法从中判断你目前处于人生哪个境况。我们通常以为，经济对每个人的影响是相同的，但事实并非如此。经济形势可能史无前例地高涨，而你依旧处于失业状态，或者挣扎着量入为出。经济也可能萧条或没有变化，而你却依然过得很好。

我曾经是一个经济学家，我认识到，相对于总体经济而言，大部分人对自己的经济——"你"经济更感兴趣。总体经济并不是个人化的，而"你"经济则是个人化的。俗话说，你的邻舍丢了工作，那是经济衰退；你自己丢了工作，就是经济严重萧条了。

“你”经济的重点在于，它没有任何保障。你可以把任何事情都做正确，但还是可能出错。或者你做错了很多事情，却依然能幸免于难，甚至可能会领先一步。很多优秀的父母培养出来的却是糟糕的孩子，而很多成就突出者却是在糟糕的家庭里长大的。

一切都没有保证，但有些事情是可以预见的。它们不能保证成功，但确实增加了成功的几率，提供了成功的机会。它们是保证的一种形式，因为它们提供了通向人生成功的最佳路径。

你可以在图表上描绘这一现实，并看到一个钟形曲线。一方面，你有“哑运”，即你也许把事情做错，但结果却依然很好。另一方面，你事情做得正确，却依然失败。它们表现为左边和右边相对平横的线条。然而，中间才是可持久成功的阶段。它们是你通过做可行的事情而得到的结果。在本书中，我们将会详细讨论这些方法和思维模式。

你我无法解释“霉运”，那是一个神秘的现实，但它又确实是个现实。我们也无法解释“哑运”，否认它的存

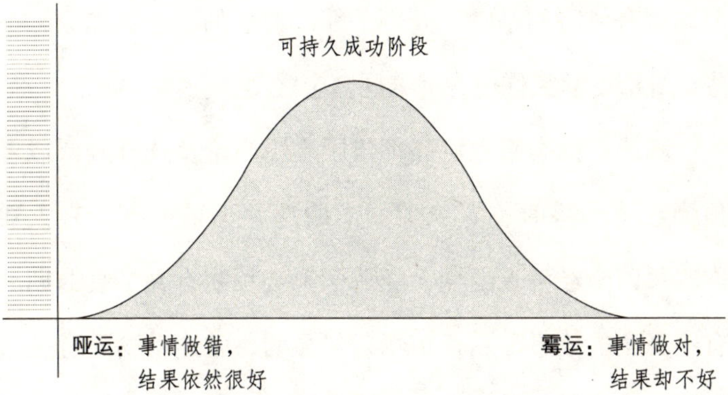

在，并不能使它变得更不真实。但没有必要让这两种现实来塑造你的人生取向。你能够（而且应该）专注于那些你有一定掌控力的事情上，即那些减缓逆境、提升顺境、允许你成功的事情。

现在主义者

1939年欧洲战争爆发时，约翰·马克斯·邓波力登先生刚大学毕业没几年。这个来自田纳西州的年轻投资商，利用借来的钱，以每股一美元或更低的价格从104家出售股票的公司中各买了100股。在这104家公司中，34家公司已经破产，但只有四家公司的股票最终变成废纸。这个高明但同时有风险的举动，开创了邓波力登的事业。如今，一些经济历史学家称他为“共同基金之父”。

诚然，他本来也可能押错了宝。当论及选择股票或者预测经济形势时，专家们的准确性并不是太高。有人戏称，每四个经济衰退期，经济学家会预测有九个衰退期。有些真实的故事显示，市场走势显明，就连动物随意挑选股票，也比那些最优秀、最聪明的财政分析家们挑选的股票更好。

在《未来潺潺：为何专家预测失败，而我们还依然相信他们》（*Why Expert Predictions Fail, and Why We Believe Them Anyway*）一书中，丹·加德纳发现了一份飞利浦·特特洛克于1980年代做的详细调查报告。这个研究表明，专家们的所谓预测，并不比随意猜测更准确。

关键是，预测未来容易，但要正确地预测却很难。我可以预测经济将如何走向，但直到事情发生了，我才能知道自己的预测是否正确。所以我不建议以一个未来主义者的身份去追逐成功；相反，我建议以一个现在主义者的身份来追逐。

不要专注于可能发生的事情，而是无论发生什么事情，都应专注于那些能够保证你将来成功的事情。不要试图预测未来，而应为未来做好准备。不要预测世界会妨碍你什么，也不管将会发生什么，只要接受并活出那些服务于你的恒久原则。

有些时候，为了帮助你自己取得成功，你可以做某些事情。而有些事情，则是你应该在绝大部分时间都要做的，还有一些事情，不管环境如何，你都应该时刻坚持不懈地做。这些事情将你置于通往持久成功之路的轨道上，无论你是处于顺境、逆境还是平常的境况中。

第2章　突破障碍

我们不缺知识，

缺的是行动。

小H·杰克逊·布朗的父亲去世后不久，他在整理一个壁橱时，发现了八个鞋盒，里面装满了纸片。那是他父亲收集的人生箴言，主题包括自立、承诺、爱、成功等。

受此启发，布朗把这些箴言编成了一本书，叫做《父亲的智慧书》，这是他所著的20本系列礼品书中的第一本，礼品书里的内容都是一些非常短小的激励性句子，通常是一两行，有些来自布朗自己，有些来自他父亲，有些来自他母亲，有些来自名人，还有些不知出处。

他的第三本书——《生活小指南》，位居《纽约时报》畅销书榜两年多。在这本书里，布朗收集了五百多条格言，作为礼物，在他儿子亚当要上大学的时候送给了他。

布朗曾这样说："大多数人都知道，我们需要做什么才能使生命更充实、更有意义，但有时我们会忘记。我的这些小书温和地提醒人们，那些简单的事情是什么，如果我们用爱心把它们做好，将会深深地改变我们的生命。”

我的这本书与他的出发点类似，尽管风格、架构以及目的都有所不同。我的目的并不在于吸引你、娱乐你，当然，如果达到了这个目的，我也不会介意。我更想给你提供建议，充实你，让你更深入了解一些原则，并给你一些在顺境、逆境及平常境况都能助你成功的点子。名言警句固然不错，但除非我们将它们付诸实践，否则它们就无法真正帮到我们。

如果你和我一样，你拥有的点子可能比自己在任何一个日子里用过的更好、更多；如果我坚持不懈地做我已经知道的、应该做的事情，就是布朗的书或我自己的书里所描写的所有事情，此时此刻，我肯定已经退休，躺在一艘游船上，抿着一杯冷饮，享受着热带微风了。

我已经意识到，我们面临的最大挑战在于，我们是否能够用自己的所知来做事情。

我们不缺方法，我们缺的是应用。

我们不缺知识，我们缺的是行动。

这就是问题的关键：是什么在阻止我们做那些自己已

经知道也应当做的事情？

答案是：障碍。

障碍是阻止我们用自己的所知去做事情的绊脚石。

在生活中，有很多事情在拦阻我们，使我们无法做自己想做的、应该做的事情。

本书的目的就在于，帮助你认清并实践一些方法及思维模式，以便帮助你在各种各样的环境中提高、获取并保持成功的几率。但你必须克服一些障碍才能到达那里。你需要超越知识和激情，进入行动阶段。

我们不缺方法，我们缺的是应用。

在我们讨论克服常见障碍的策略之前，先来讨论你正处于以下七个阶段中的哪一个阶段，这会对你有帮助。通过理解并评估它们使你清楚自己正处于生命中至关重要领域的哪个阶段，是你克服障碍、通向你所需并想去之处的第一步。

1. 你不知道

无知是一个贬义词，但它仅仅表示缺乏知识。俗话说，“知之为知之，不知为不知。”这是常识，你无法与之争辩，对吗？

即使是最棒、最聪明的学生，也无法在学校或从父母、书本、导师甚至通过玩电子游戏中学到所有的东西（最后一项，我是为我的孩子们而放进来的）。作为成年人，我们有责任去探寻那些自己需要继续学习和成长的领域，无论是我们的工作、收入还是属灵方面。

不仅如此，有时候有人会给我们一些不好的建议，有时候，我们学到的是错误的东西，它们阻碍了我们了解并实践正确的事情。

生活的一部分在于发现、选择，并逐渐意识到我们应该知道什么。所以，我们将继续阅读，继续探寻，继续挖掘隐藏的宝藏。

2. 你知道，但不相信

或许你只是需要对于已知事实的全新见解。你听说了某一件事情，但你不相信它，或者认为它并不适合你的处境。你甚至已经在大脑层面上接受它，心里却拒绝它。你没有全身心接纳它，没有将它内化在心里，你错过了它。

18世纪的英国作家塞缪尔·约翰逊这样写道："相对于被教导而言，人们更需要的是被提醒。"这就是类似布朗的书（以及本书）发挥的一个作用，即使它们说的是那些你觉得显而易见的事情，或是一件你一眼看上去就认为不适合你处境的事情。

或许你正处在顺境或平常境况之中，觉得没必要考虑有关你一旦陷入逆境时要做什么的建议。你可能觉得不需要存款，也不需要额外收入，或是一种健康积极的生活方式来作为“安全网”或者“备胎”，直到某一天你被抛进一个意外的风浪中。又或者，你可能负债太多或者体型过胖，以至于你根本听不进那些正在享受美好时光之人的建议。所以，你把开关关上，不把信息当一回事。

3. 你知道，也相信，但不去做

通常，我们知道也相信自己应当做哪些事情，但就是不去做。换句话说，我们缺乏信念。你可以选择信仰，但信念决定你的行动。你可以告诉我，谁是你生命中重要的人（包括你的信仰），但你的日程表却透露出你的信念。从你看重什么，以及把钱花在什么地方，也能看出这一点。

我们通常知道也相信，但就是不去做，是基于下面三个原因之一。似乎不方便、没必要或者很难。

试想一下一个儿子和他父亲如下的对话：

“儿子，我告诉过你要把碟子收起来。”

“爸，我知道，知道的。”

“我知道你知道。但你并没有这样做呀。我都告诉过你三次了，要把碟子收起来！”

孩子没有收拾碟子，是因为收拾碟子让这个孩子觉得麻烦，因为他有着其他更有意思的事情可以做。哪个小孩会找不到比收拾碟子更有意思的事情呢？

你可以选择信仰，但信念决定你的行动。

践行我们已经知道也相信的原则，还会碰到这样一个障碍，那就是我们觉得根本没必要这样做。你可能会相信把钱放进养老金计划的必要性，也有足够的钱投入进去。但如果你正志得意满时，你可能觉得没有这个必要。你会自我辩解说，你的投资回报率不错，所以没有必要把钱省下来放进养老金计划里，于是就把钱用在别的地方了。

我们既知道又相信却不去做的第三个原因是，做一件对自己有益的事情并非那么容易。事实上，这些事情通常很难。

才华横溢的英国作家G.K.切斯特顿曾指出：“人们不

是因为不想要或不需要而不去践行基督信仰；一直以来，人们觉得它很难，也不愿尝试。”这说法不仅符合基督教信仰状况，也适用于大部分有价值的原则。并不是它们没有用，而是做起来很难。因此，人们停止尝试这些事情，甚至根本就不去尝试。

4. 你知道，也相信，但做不到

无论处于顺境、逆境或平常境况，我们通常缺乏技巧和训练来做那些能让我们提高成功几率的事情。碰到这个障碍时，我们可以学习一些技巧，或者找到拥有我们所缺乏的技巧的人来帮助我们。比如，如果你想精通一门语言，你可以选择上一门课程，看视频节目或者找个私人教师。

本书提供的一些技巧及可行的方案，可以帮助你来实践这些原则。如果是在其他方面，如财务或身心健康，你可能就得咨询相关领域的专家了。

5. 你知道，也做了，但没有坚持

在本章的开头，我们谈到的杰克逊·布朗，针对优

先次序他引用了这句话："请别说你的时间不够。你每天拥有的时间，与上天给予海伦·凯勒、巴斯德、米开朗琪罗、德兰修女、达·芬奇、托马斯·杰斐逊和阿尔伯特·爱因斯坦的时间，是一样的。"

不幸的是，我们通常缺乏承诺，或者被干扰，以至无法坚持做那些重要的事情，而它们从未成为我们日程表的一部分。是什么在阻碍你坚持呢？因为你拖延、狡辩或在网上浪费时间吗？

确定是什么在阻碍着你，并决心做出改变。

6. 知道并坚持做

最终，你开始做一件事情了！在这个阶段，你知道要做什么，并且正在做。你正在有规律地去健身房，和家人一起聚餐，也在有规律地存款。当然，你并不是方方面面都能做到持续不断。这是生活的现实。你无法拥有一切，但你可以做那些确实很重要的事情。

进入这个阶段，需要知识、理解、承诺、艰辛的努力和自律，这些领域我在本书中都会提及。当你们读到最后一章时，我希望你将准备好朝这个阶段迈进，并能更加坚持不懈，无论你是处于顺境、逆境还是平常境况。

7. 知道，并使它成为第二天性

坚持虽然对成功很重要，却不是终点。当你知道该做什么，并且相信它，持续不断地做这件事情，最终你会达到一个地步，那就是活出这些原则，变得像呼吸一样自然。你不必想着，是否需要把钱还给那个多找了零钱给你的收银员；你会自动地退钱，因为诚实是你生命的本性。

在这一阶段，你认为正确的事情，比你的感觉更重要。我们的社会和文化过于强调去做让我们感觉良好，或者让我们感觉舒服的事情，而不是去做正确和好的事情。偶尔也有些日子，我不想去运动，但运动已经成为我生命的一部分，所以，虽然表面上不想去，但我的内心其实是很想运动的。我们生活的方方面面也是如此。有了足够的约束，正确的事情最终会成为我们的第二天性。

看到挑战，应用解决方法

我把本书的第一部分命名为“看”，因为我想谈论一些你需要看到的基本事情；无论你处在顺境、逆境或平常境况，你都需要看清这些挑战和现实。但正如你现在明白的一样，仅仅知道还远远不够。你如何看待你所看到和所知道的，关系到你最终将如何运用你所知道的去行动，这包括你如何定义成功、你的心态以及你对于提高思考过程的承诺。

换言之，想法只有在你使用它们的时候才有用。你会单纯地收集古老格言、警句及见解吗，或者你会努力地、持续不断地把这些原则应用在你的生活中吗？让我们开始好好应用这些有力量的想法吧！

第二部分 想

Up, Down, or Sideways

思考很容易，对吗？我们一直都在思考。

然而，大部分的思考没有积极的效用。

很少有人刻意花时间培养那些能够

帮助他们应对挑战并善用机会的思维模式。

思维模式，也就是我们思考的方式，

能够使他人了解我们的为人处事。

好好想想你的思想吧！

思想是行为的预演。

——佚名

第3章　记分系统

改变你的计分系统，

改变你的游戏。

2004年的电影《阿尔菲》，讲述了一个魅力四射的豪华轿车司机的故事。这个司机大部分时间都在理直气壮地追求很多女性。

在一场戏中，阿尔菲（裘德·洛饰）说：“我认同欧洲的生活哲学。我的优先次序倾向于酒、女人，等等。”

事实是，阿尔菲从未在追逐自我享乐的生活中得到快乐，他最终收获的只是心碎。影片以他对自身生活方式的独白告终。他有钱，有漂亮衣服，还有靓车。他未婚，不依靠任何人。他的人生完全是自己的。但他也承认，他没有内心的平安。正是这点困扰着他。

“如果你没有内心的平安，”他说，“你就一无所有。那么，答案是什么呢？这也是我一直在问自己的。这一切是为了什么？你明白我的意思吗？”

我们不知道阿尔菲是否找到了“这一切是为了什么”这一古老问题的答案，但我们可以知道的是，我们每个人每天都用我们自己对待生活的方式在回答着这个问题。正如思想家爱默生所言：“思想是行动的先驱。”

那么，你的行动是如何定义成功的呢？如果你想在顺境、逆境和平常境况中都能成功，你就得了解自己是如何定义成功的。

这些年来，我向很多朋友和客户问过这个问题：“你是怎么定义成功的？”我的初步结论是，成功因人而异。我们对成功的描述虽然有着一些共通性，但归根结底，它还是个人化的定义。

我将成功定义为过一种充满爱、学习、信仰和服务的生活。这些是我的最高优先次序。尽管还有许多其他事情也是我重视和珍惜的，但都不如这四件事情重要。

你对成功的定义是什么呢？即使你从来没有想过或谈过这一点，但你对此还是有个定义的。那是你对阿尔菲“这一切是为了什么”这一问题的回答。换言之，什么对你来说很重要？你又如何将它活出来呢？

通常，我们让别人来定义我们的成功。父母、同龄人、老师、咨询师、社区以及一般文化都给我们建议，但最终，我们要么选择自己的定义，要么按照强加在我们身上的定义而活。我认识一些不快乐的人，他们从未思考过成功对他们而言意味着什么。

不幸的是，我们很多人对成功都有一个理论或哲学上的定义（我们所希望的成功），也有一个功能性的定义（我们如何生活）。阿尔菲的定义类似于“过得快乐，享受生活所赐予的一切”，但他过得却很悲惨。

你可以通过你应用在生活中的计分系统，来过滤你的行为，评估自己对成功的定义如何，以及获得多少成功。但有一点很多人从未意识到：你有选择你的计分系统的自由。而且，你可以改变自己的计分系统，改变你的游戏。

计分的四个R

19世纪的美国作家亨利·詹姆斯曾说：“是时候开始过你一直以来想过的生活了。”问题是，大部分人从未设想过与他们现今截然不同的生活。

为什么呢？他们被困在自己的计分系统里，而那计分系统根本不适用于他们真正想玩的游戏。

我听说，喜欢自己行业的人，通常不怎么抱怨谋生有多么困难。但我经常听说，一些富有的人经常抱怨，他们要工作很长时间，以至于从没有时间和自己的孩子们在一起。

他们都有一个选择：改变自己的计分系统。不像在体育运动中那样，你必须得遵照他人的规则来比赛，而是只要不是违法、邪恶、不道德、自恋的，你就可以选择很多不同的系统来为你的成功模式计分。

他们被困在自己的计分系统里，而那计分系统根本不适用于他们真正想玩的游戏。

大部分人围绕着以下四个计分系统之一来安排自己的生活和工作：结果、认可、消遣、人际关系。这些虽不是唯一的计分系统，但却是最常见的。这些因素是会重叠的，我们不能仅仅依靠某一个因素而生活，但会以某一个因素为主导，影响着其他因素，尤其是当你要在两个优先次序当中做出选择时。你的行为，而不是你的意图，告诉你哪些优先次序在主导着你的生活。

如果你围绕着**结果**（Result）来安排生活，那么你所关心的就是成就。你想获得奖赏，想达到某一个收入水平，想开某一种车，想住在某一个社区。这些就是你的目标，而达成目标是最重要的。

你的行为，而不是你的意图，告诉你哪些优先次序在主导着你的生活。

结果当然非常重要，并非所有结果都是自负或者自我中心的。你的目标可能是在临死前捐出一百万美元。我们大多数人的工作都是以结果为导向的，例如，尽力完成某个销售额，在最后期限前完成任务，完成被分配的任务。但如果达成那些目标是你生活满足的源动力，而不是一个促进因素，那么，它就是你为生活计分的首要管理系统。

如果你围绕着**认可**（Recognition）来安排生活，那么一旦成就未引起关注或未被认可，你就会觉得所取得的成就还远远不够。你希望通过做出贡献来让自己成名。你是一个热爱舞台的女演员，因为你渴望听到现场观众的掌声。或者，你想成为“年度最佳销售人员”，更多是为了那个名声，而不是为了背后的奖金。又或者，你当志愿者，主要是因为人们会因此评价你是个好人。你通过满足自我成功的饥渴，而创造杰出的成就。

第三种方式是围绕着**消遣**（Recreation）来安排生活。对你而言，工作是达到某个目标的一种方式。你挣钱既不是为了获得认可，也不是为了成就，而是因为有了钱你就可以度假、打高尔夫、滑雪、出海航行、和朋友们玩到深夜。你关注的是尽情享受生活的乐趣。在必须工作赚钱之外的时间尽情玩乐，就是你的计分系统，例如钓鱼、打猎、滑雪、远足、骑单车、跳舞、赴约会，等等。

第四种是围绕着人际**关系**（Relationships）来安排生活。领导力大师约翰·麦克斯韦尔曾说：成功就是让最熟悉你的人最尊敬你。我很喜欢这句话，因为它既强调了我们人际关系的质量，又强调了我们的诚信。如果人际关系是你的优先事项，你首先就会想到人，你的最大动力也是人。你先考虑人再考虑事情。

以上四个计分系统都在塑造你的优先次序以及你对成功的定义，都能以积极的方式来发挥作用。但对我而言，人际关系位居优先次序的榜首。所有因我们而发生或为我们而发生的事情，都发生在社区里。与人分享时，胜利会更甜美；有了人们的鼓励和支持，困难会减轻。单打独斗对我们毫无好处。在癌症手术后康复期间，我很清楚地知道，最重要的是信仰、家庭和朋友。而这三者的核心都是人际关系——我与上帝的关系，我与家人的关系以及我与朋友的关系。

无论你做事情多么有效率、多么有成效、多么能干，总有些事情会挫败你的结果，使你两手空空。无论你做多少事情，想以此来赢得别人的认可及称赞，但总有些人是你永远也无法取悦的。并非每个人都会把你应得的认可给予你，比起你所希望的，就更少了。你也许拥有一栋大房子，整个车库都是你喜欢的车子，但你却没时间享受，因为你太忙于赚钱来购买它们了。或者，你负债累累，拼命花钱来买一些你其实买不起的东西，用一些你其实用不起的东西，取悦一些你不喜欢的人。

我注意到，专注于建立人际关系的人取得的成就更多，因为人们愿意与他们合作，支持他们。他们通常会因为正确的原因而被认可，因为他们很关心自己的行为如何影响了他人。他们的消遣是他们人际关系的一个延伸，因而他们不仅刻意安排时间来享受生活，还和那些他们认为重要的人一起享受。他们的生活并不孤独、肤浅或自我中心。即使人们时不时令他们失望，因为我们毕竟是人，所以确实会令彼此失望，但服务他人的这个更高呼召，依然为他们带来了胜利。

你无法拥有一切

我认识的一个牧师喜欢这样说："坏消息是，你无法拥有一切。好消息是，当你知道什么是最重要的，别的一切你就不想要了。"

最不快乐的人是那些试图拥有一切的人。他们想要超级成功的事业，他们想赚取高收入，他们想拥有修剪一新的草坪，他们想运动、健康饮食，过着奢侈的生活；他们想要得到别人的尊重及赞赏，他们想环游世界。即使他们一年花两百天在路上，他们仍希望和配偶及孩子有着美好的关系。总之，他们想要的更多——比他们已经拥有的以及他们看到别人有但自己还没有的还要多。

现实表明：你无法拥有一切。但没关系。正如滚石乐队所说的："你无法总是得到你想要的，但如果你不断尝试，就可能会发现，你得到了你所需要的。"

所以，随着你进一步定义成功，以及你测量成功的计分系统，这里有着一些意见，不仅能帮助你搞清楚你想要什么，还有你需要什么。

明晰你的计分系统

清楚知道什么对你是最重要的。很多人把他们的梯子靠在一面错误的墙壁上。他们拼命工作，努力获取自己其实并不想要的东西。他们采纳别人对成功的定义，使用别人的计分系统。你的挚友及辅导顾问可以帮助你弄清楚什么对你是最重要的，但他们给不了你答案。坦白地说，这是你自己的定义，这是你的责任。

清楚知道为什么它是重要的。某件事情对你来说很重要，是因为妻子让你那样做吗？是因为你的信仰要求吗？还是因为你已投入多年的时间？或是因为妈妈总是这样要求你？你不仅需要弄清楚“是什么”，还要弄清楚“为什么”,因为它意味着要么改变你的路线，要么就得认可它。重申一遍，这是一个你需要自己回答的问题，因为在你的内心和信仰中究竟有着什么,只有你自己知道。你要拥有一个“为什么”。

我在俄亥俄州州立大学读大学三年级时，遇到一个朋友，他在忙于记住猫的身体各个部位。他是读医学预科专业的，于是我问他为什么想当医生。他说:“因为我父亲和祖父都是医生。”我很纳闷，他真的想当医生吗？或者，他这样做只是因为这是别人对他的期望？他是否认真考虑过其他职业呢?

我当时从这位未来的医生朋友那里学到的教训是：你可以通过思考自己的选择，以及对你来说什么是最重要的，来放大期望。在我们决定自己要成为什么之前，考虑所有的可能性，对我们很有好处。

诚实计算代价。在经济学中，我们会讨论机会成本和固定成本。一次购买、一个项目、一种服务或一项投资，原本可能只花费你一定的费用，但可能会让你付出十倍的价钱，因为你本来可以用另一种方式来分配这些资源。我并不是说这种成本应当作为你做出每个选择背后的决定性考虑因素，我只是说，你有必要了解成本，因为你需要和它们共存。

你热爱某一种职业，做志愿者，花时间与孩子相处，可能意味着你无法赚得六位数的收入。或者，你渴望帮助儿子去他梦寐以求的大学就读，可能意味着你需要额外花几年时间去工作，挣钱支付他的学费。你可能会拒绝一个新的生意机会，因为对方想要回扣，或者因为你很了解那些产品，虽然它们可能带来丰厚利润，却不符合你的道德观。

代价可能是财务上的、人际关系上的或道德上的,但如果你预先考虑成本，那么每个月忍受账单或者干脆就不去购物，就会更容易些。

诚实面对承诺。不仅在金钱上，更在时间和精力上你需要付出什么，才能实现你对成功的定义?

陈永富就是一个重新定义成功并改变自己生活计分系统的很好例子。1994年，他在加州锡米谷创立了一间教会，并把它发展成为当地最大的教会之一。他写了几本畅销书，并创办了一所大学。但他的内心以及人生使命在于将自己的生命奉献给有需要的人。因而，2010年，他从教会领导者的职位走下来，直接与城市贫民一起工作。换句话说，他承诺奉献他的时间、精力以及金钱，来实践他对成功的定义。

绝地一击

一旦你清楚了对你而言什么是重要的，并且知道为什么；一旦你计算了代价，并诚实考虑了你的承诺，其他事情就无关紧要了。把它们活出来并不是很吓人的事情。你已经可以将你的优先次序付诸实践了。

你可能会超重10磅，但你知道这并不会要你的命，而且这是一个值得付出的代价，因为你非常喜欢厨艺。或者，你放弃一份年收入丰厚的工作，但那值得，因为你不想耽误了陪孩子们玩耍。又或者，你可能很迫切地想要竞选学校董事会的董事，所以你愿意牺牲一些时间，以及放弃担任公共职位必须放弃的私人空间。你也许想加入陈永富的行列来服务城市贫民，或者你可能想投身于政治、科学、经济理论、赈灾或新能源等事业。你有着整个世界的可能性，来实现你职业上或其他方面的优先目标。

如果你确实厘清了生命中对你来说最重要的是什么，也知道理由；如果你计算成本后，清楚地知道自己的承诺意味着什么，我相信你肯定不会成为像阿尔菲一样自我中心的人。你会有自己对成功的定义，你会用自己的计分系统来获取成功。而在这一过程中，你会发现，成功的确是在于你过什么生活，在于你给这个世界带来什么样的影响，以及你留下了什么样的传承。

第4章　乐观主义者倾向

阻碍还是机遇，

差别在于你的态度。

进入本章之前，我必须承认一点：平常的时候，我倾向于看到事情的负面，而在糟糕的日子里，我可能会认为这是“世界末日”。我不想从精神分析的角度去分析为什么会这样，无论是因为遗传还是因为环境，我都愿意为此负全部责任。我不喜欢自己的这一特点，它对我也没有好处。因而，我相信两件事情：

一、我们对于乐观的价值的现代理解，是建立在严谨研究的基础上的。经过可靠的研究，愤世嫉俗者们所取笑的积极思维，突然有了全新的可信度。

二、无论我们是什么性情的人，都能改变自己的思维。如果你已经有乐观主义者倾向，那就太好了。本章会强化这个观点，并且提供一些新的见解。如果你像我一样，通常只能看到杯子里的半杯水，那你可以学到一些事情，去战胜消极的生活方式。

乐观主义的价值

我的朋友唐·赫特森认为自己是一个“反偏执狂”。他相信所有人都会帮助他！

他看到的是甜甜圈，而不是甜甜圈中间的那个洞。

随便你挑个针对乐观主义者的陈词滥调，唐一定会把它表现得淋漓尽致。

问题来了：那又如何呢？

唐在事业上和生活上都很成功，但是，乐观主义真的与他的成功有关吗？再具体一点，乐观主义真的对你我的成功很重要吗？

T. O. 怀特说过：“极端乐观者与极端悲观者通常都是错的，但前者更有趣一点。”

事实上，我们大多数人都欣赏乐观主义。的确，即使有着如此严峻的统计概率，我们还是抱着不切实际的乐观来开始大多数的行为。多项研究表明，几乎所有学生在学期刚开学时，都相信他们会在他们的学业里拿到优秀，几乎所有新婚夫妇都相信他们不可能会离婚，几乎所有企业家都相信他们的新投资会成功。谁会失败？那肯定是别人。

但从长远来看，大多数人在实践乐观主义方面，做得如何呢？似乎做得很糟糕，特别是当环境变得艰难时。现实常常是戳破希望气球的那根针。学生旷几节课，阅读课落后了，突然之间不再渴望获得优秀，而是觉得及格也不错。新婚夫妇发现了配偶所有恼人的习惯后，明白了一个现实，即使最好的关系也需要努力维系。企业家则发现，人事挑战和现金流隐患常常出人意料。

另一方面，如果经济形势很顺利或过得去，乐观主义在日常事务中就会显得不那么重要。我们可能会把乐观主义当成笑话，也可能会对积极思维的力量礼貌地表达敬仰，但大多时候，我们都忽略它的重要性，把乐观和生活的其他陈词滥调一起推到角落。毕竟，我们要忙于学习或者工作。

此外，我们还发现，我们通常所认为的乐观主义还有另外一面：愚昧。如果在隧道的另一端出现一道光，那是一辆正迎面而来的火车，有一个人看到了，但他却不承认那是火车。这就显出他的愚昧。

这是很合理的，但在顺境、逆境和平常境况，若没有乐观主义，就很难生存下来，更别说发展了。正如著名的残疾作家海伦·凯勒所言："乐观主义是通向成功的信念。若没有希望和信心，将一事无成。"

从无助到幸福

马丁·塞利格曼被称为"积极心理学之父"，他在1960年代参加了一个研究团队，该团队提出了"习得性无助"这一理论。当人们不相信自己能改变或离开一个糟糕的境况时，他们通常会选择接受，久而久之，就算他们能掌控事情，也常常觉得自己无力掌控它们。

在一个著名的实验里，人们被安排在三个组。第一组听到了一个令人不舒服的声音，但可以按一个按钮就把它关了。第二组听到了同样的声音，但想尽一切办法都无法将它关掉。第三组没有听到任何声音。第二天，这三组人都被放到一个有噪音的新环境中，但这次，所有人只要稍加努力就能把声音关了。第一组和第三组的人很轻易地就关掉了声音，但第二组的人基本上都无动于衷。这就是塞利格曼所说的“习得性无助”。

但塞利格曼也发现，大约有三分之一的人从来就不会陷入很无助的地步。他们从不认为，昨日的糟糕经历会导致今天的痛苦。为什么？

但乐观主义并非只是预防沮丧和焦虑的药方，它也是成功的组成因素。

乐观主义。

“我们发现，不放弃的人有一个习惯，那就是把挫折看成是暂时的、局部的、可以改变的。”塞利格曼在《哈佛商业评论》中写道。“这表明我们可以通过教导他们像乐观主义者一样思考，来使人们对“习得性无助”产生免疫力，对抗失败后想放弃的念头。”

但乐观主义并非只是预防沮丧和焦虑的药方，它也是成功的组成因素。

肖恩·埃科尔花了十多年时间在哈佛大学研究“幸福”，同时也分析有关这一主题的其他研究。埃科尔在他2010年出版的《幸福的优势》（*The Happiness Advantage*）中解释说，十多年来，在积极心理学及神经科学领域的突破性研究证明，幸福并非源于成就和成功（财务上或其他方面），而是正相反，财务上或其他方面的成就和成功源于幸福。

这一说法同样也适用于生活中的方方面面——婚姻、社区活动、友谊、健康及工作。

“大量数据表明，快乐的员工生产水平更高、销售业绩更好、领导力更强、获得的评价更高，收入也更多，”埃科尔写道，“他们同时也享受更多的工作安全感，不怎么请病假、离职或心力交瘁。快乐的首席执行官更能带领一个快乐又健康的团队，这些成员均认为，快乐的氛围有助于良好的工作表现。”

反过来，乐观主义是快乐和成功的关键。“如果你相信你的行为很重要，我们觉得，那最终会提升你的成功率。”埃科尔在接受一次访问时说道。

智力及专业技术只占一个人成功几率的25%，另外75%则取决于你的乐观、你周围家人和朋友的支持，以及你对待压力的态度（看你视其为挑战还是威胁）。因而，你的乐观主义、你周围人们的乐观以及你对待压力的态度（压力下的乐观），占了你成功因素的3/4。

换言之，正如埃科尔所写的：“快乐和乐观主义实际上是工作表现和成就的燃料。”

如果你想要成功，如果你想成就伟大事业，就要抵御沮丧和焦虑，并变得乐观起来，对吗？

我想购买“一大堆乐观”，你呢？请告诉我“乐观商店”在哪儿吧！

诚然，我们无法购买乐观。它不仅无法购买，甚至无法通过辛苦工作而获得。这使得它如此难以捉摸。它不是通过我们做什么而得到的，而是通过如何看待我们所做的事情而获得的。正如埃科尔所言：“不是活动本身，而是每日活动的精神架构，定义了我们的现实。”

这就是乐观主义者的倾向。无论环境如何，你看待自我以及周围世界的方式，影响着你的成功。

构建你的乐观主义

你用来看待自己和世界的镜头，并不能改变现实，但它却塑造了你对自己和自己所处境况的看法，以及你的反应。你的态度预先设定了你看待世界的方式，以及你如何对待它。

态度并非一切，但它却是第一位的。如果你认为自己不能成功，为什么还要尝试呢？在某个层次上，你或多或少需要带着一种信念来工作，你相信自己确实可以达成目标，否则，你就是透过一个被挫败涂上颜色的镜头来看事情。

因此，要想恰当地构建你的乐观主义倾向，以下几方面，是你在看待自己和世界时应当考虑的：

态度并非一切，但它却是第一位的。

质疑，但不愤世嫉俗。怀疑论者持守某一种判断，直到他们获得更多信息。而愤世嫉俗者却不寻求更多信息，他们猜想甚至欢迎最糟糕的情况。

你需要被提醒不要变得愤世嫉俗。乐观主义者会提出问题、寻求答案，关注可能帮助他们做出明智决定并迎接生活挑战的任何信息。英国前首相哈罗德·威尔逊曾说："我是一个乐观主义者，但我是一个携带雨衣的乐观主义者。"

选择现实，而非幻想。每当遇到了经济衰退，有些领导人和经理人都会传授一种刻意单纯的心态。

某人博客里的一个标题，很好地表达了这一心态："我拒绝陷入经济萧条。"诚然，这就好像说你即将站在一场暴风雪中，却选择不感受到寒冷或不被打湿。你可以否认有风暴，但却无法改变现实的天气。成功的个人及公司并不拒绝经历经济萧条，相反，即使遇到了经济萧条，他们也依然成功。

让我们来面对现实：否认是一种糟糕的策略。你得承认正在发生的事情，然后选择如何应对这样的环境。

思考高尚和必需的事情。乐观主义者倾向的关键是，你在思考什么。有些人认为，乐观主义者只应当想那些积极的事情。例如，我读过一个人的博客，博客上鼓励人们不要看报纸，因为报纸上尽是一些负面信息。这是回避和否认，是一种糟糕的策略。你得了解尽可能多的信息，才能明智地决定在哪里居住，什么时候卖房，你晚上散步的那个公园是否安全，想赢得你选票的政客们如何，你可能送你的孩子们去哪些学校读书，以及你准备启动的生意如何。

如果你只是思考积极正面的事情，忽视消极因素，你将会在信息与现实之间失衡。

《圣经》在关于“将思想集中在何处”这个问题上，提供了一些很好的建议：“凡是真实的、庄重的、公正

的、纯洁的、可爱的、声誉好的，无论是什么美德，什么称赞，这些事情你们都应当思念。”（《腓立比书》4章8节，新译本）

但是请注意，这并不是说永远不要想其他事情。而是说，相较于将思维集中在消极的事情上而言，将思维集中在积极的事情上会获益更多。这就是乐观主义倾向的关键。它并不是让你拒绝或无视信息，也不是毫不知情或被误导，而是完全掌握信息，然后选择专注于好的，而不是不好的事情上。

抬高你的视线。你需要掌握信息，但不能到此为止。当你看待自己和这个世界时，必须掌握信息并被激发去行动。信息本身并不能推动我们。

你如何看待自己以及如何看待这个世界，在很大程度上决定你如何掌握信息，如何被激发，以及在你的行为中如何表达这些激励。一个全面的视角会带来一个清晰的画面。

我丹佛的办公室位于我家的正西方。有趣的是，我开车去上班那么多日子，却从未注意到那宏伟的落基山脉。每天，它就在我面前，只要我抬头，就能看见它。我可以选择去欣赏美景，也可以选择错过它。我可以低头俯视尘土或人行道，也可以抬头仰望宏伟的群山。

尝试不同视角。《科学人心智》曾刊登过一篇文章，题为“超越魔法的心智”（*Mind over Magic*）。文章探讨我们的感知习惯和大脑功能，是如何成为魔术表演成功的关键因素的。几个月后，该杂志登出一位读者的来信，证实了这一信息。他看节目的时候好像很疲倦，所以侧卧着观看一个魔术师的电视专场。他的脑袋是水平的，而不是直立的，而这一小小的转换使得他能够看穿那些魔术手法。

感知并非现实，却塑造了你的现实。

“不知为何，躺下来时，大脑并没有提供与那些‘习得性期望’相关的含蓄的肢体信号，”他写道，“所以，我的注意力没有像常人一样被引导。”

我从未躺下来看过魔术表演，但那封信的作者说得没错。成功的魔术表演全在于你的视角。你的乐观主义者倾向亦是如此。

感知并非现实，却塑造了你的现实。改变你的视角并不能改变现实，它改变的是你看待现实的方式，现实并没有改变。无论你是躺着还是坐着，经济都可能会上升、下滑或普普通通。但你的视角影响了你诠释所见到的事情的方式。用全新视角来看待事情，可以帮助你识破生活的假象，拥抱那些你从前不知道它们存在的现实片段。

发现幽默。我想起一个坚定的乐观主义者的故事。他的座右铭是：“你可以选择拥有好心情，或坏心情。”而他总是尝试选择好心情。当他从一座通讯大楼上掉下来并严重受伤时，他的方法经历了考验。当他被推入急救室时，医生及护士脸上的表情都传达着同样的信息：这是个死人。

然后，有个护士问他是否对什么东西过敏。

“是的，”他答道，“重力。”

当笑声平息，他补充道，“我选择活下来。要把我当成活人那样动手术，而不是死人。”

英语里的“谦卑”（Humble）和“幽默”（Humor）源于同一个词根。我们谦卑，是因为我们知道生活可以是很滑稽的。我们能够笑看人生，是因为在我们的谦卑中，我们知道自己无法掌控所有。幽默并不总是那么明显，尤其在困难的境况中，但乐观主义者总是能把它找出来。

我提到过，我也需要学习乐观主义。好消息是，我几乎能在所有的事情中发现乐趣。在困难中发现幽默，能使我保持冷静及神志正常。我很喜欢实际生活中的玩笑，无论我是开玩笑的人，还是被取笑的人。因为这提醒我，不要将自己或生活中发生的所有事情看得太重。

专注于胜利，而不是失败。在我和美国企业界合作期间，特别是在经济萧条期，我看到在众多经理人当中，最普遍的问题是，他们不再为了取胜而比赛，而是开始为了不输而比赛。

在经济萧条时期，我们都知道自己惧怕什么事情，以及不希望发生什么事情，但却常常忽略我们真正想完成的事情。但人们是不会被负面目标所吸引的。

这只发生在经济萧条期吗？当你想着“你经济”的时候，就不会发生。这个世界在发生着什么事情，并不重要，重要的是你始终能做好自己的工作。譬如，即使经济处于最好的时期，我的祖父仍然过得很谨慎，主要是因为他难以忘怀经济大萧条时的艰难岁月。

你也许是一个谨慎且保守的人，我并不是说这样不好。为了取胜而比赛，你可以（而且应该）谨慎。为了不失败而比赛并非谨慎，而是专注于错误的事情上。为了取胜而比赛意味着充分了解潜在问题及障碍，避免不必要的风险，同时也全力以赴去追求成功和富足的机会。

为了取胜而比赛既需要好的进攻，也需要好的防守。众所周知，最好的运动团队同时具备这两个条件，而非只有其一。

遭遇挫败时，忘了它，继续前进！我的好友克里布·麦克拉雷在越南战争时，为了国家失去了一条胳膊和一只眼睛，他因此赢得了勇气奖。然而，正如当时的许多士兵一样，克里布回家后并没有受到热情的接待。但他的乐观主义帮助他克服了逆境与挫败，他活出了“忘了它，继续前进！”的原则。他没有讲述过去的艰难，而是专注于自己学到了什么，通过演讲以及和囚徒一起工作，他把自己的一生奉献在激励他人的事业上。

克里布知道，生活并不完美。即使对于乐观主义者来说，也会有着种种挫折。简而言之，你掌控你能掌控的，承认你不能掌控的，从错误和失败中吸取教训，并继续前进。不要忽视已经发生的事情，那是否认的一种形式，但也千万别让已经发生的事情阻碍你前进的脚步。汲取教训，继续向前。

看得见风景的房间

那是我第一次去罗马旅行的时候。我终于安排出时间来拜访我梦想中的城市了。我很兴奋。出租车将我送到威尼托大街附近的艾里西欧宾馆前面。前台经理告诉我，我的房间在一楼。

“你们有看得见风景的房间吗？”我问道。

他停了一下，肯定是故意的，很确定地让我知道，他安排我住在一楼的房间，是帮了我一个大忙。他说：“那是一套全景房！”

服务员帮我把行李搬进房间。我站在阳台上，欣赏着这个城市美得令人窒息的景色。

忽然，我听到一种声音，这种声音只会让我联想到一场剧烈的地震。声音来自我床头后面的那堵墙里面，是一种剧烈的钢铁震动和摩擦的声音。稍加查看，我发现声音源于电梯升降机。每次有人按电梯按钮，我就会被赠予那股巨大轰隆声。

我为之一震：这是多么好的生活比喻啊！完美的景色

伴随着电梯井。好与坏、美与丑皆相伴而行。

有些人拒绝生活中的电梯井，但这很难做到。假装这些电梯井不存在，并不能改变任何事情。其他人则从未留意到全景。他们无法超越电梯制造出来的噪音。

逃避和消极都对我们无益。智者同时接纳好的和坏的，但选择花更多的精力去关注好事情。生活中的聪明旅客并不排斥坏事情。如果他们能做一些事情，他们一定会做的。但如果他们做不到，也不会为无法改变的事情而抱怨。

诚然，这并不是说，我们要么得到风景，要么得到轰隆声；大部分时间里，我们得到的是这两者。但你我可以选择专注于哪一个。我们可以选择待在丑陋当中，还是待在美丽当中。

第5章　学习者的杠杆

如果你不在学习，

就是在失败。

奥古斯特·罗丹起初将但丁的青铜大理石雕像命名为“诗人”。我们现在更多地称之为“思想者”。

罗丹描绘的但丁一边注视着地狱之门，一边思索着《地狱》——他的史诗《神曲》里的一个主要篇章。罗丹在1902年制作的第一个但丁铸像，目前陈列在巴黎的罗丹美术馆里，但那里除了藏有这位法国艺术家最著名的作品以外，大约还有二十个“原始的”铸像。它们描绘的都是一个看起来沉思而又忧郁的男人，很明显，“思想者”的内心在经历着巨大的挣扎。

众所周知，“思想者”的右肘放在他的左膝上。

这样的姿势坐着，是不会舒服的。

因而，除了你在这雕像里可能找到的所有意义以外，它还有这样一层意思：思考不仅重要，还很困难。事实上，有时思考会非常痛苦。但这是成功的必要条件。

培养行为的灵活性

无论你是处于顺境、逆境还是平常境况下，处理你面对的挑战，充分利用你的思想能为你提供重要的杠杆力量。无论发生什么事，你学得越多，准备就越充分。你学得越多，行事越灵活，将为你提供明显的竞争优势。你的生活（以及我的生活）在不同的系统中运转，但很多系统是重叠的（工作、家庭、保龄球联赛等）。根据行为灵活性原则，你越灵活，就越能掌控系统。

换句话说，如果我们在玩国际象棋，我知道四步，而你知道八步，那么你就占上风了。如果我们在销售，我知道六种如何应付拒绝的方法，而你知道二十种，那么你几乎肯定就是赢家了。在你的国际象棋及销售策略里，因为你知道我所不知道的，你有更大的灵活性。

然而，仅仅获取并运用信息还不够，我们还要能够评估这些信息是否值得信任。例如，在20世纪的二三十年代的杂志上，经常可以看到一种放射性吊坠的广告，这种吊坠被标榜为一种保健用品。这些广告声称，将这些吊坠戴在脖子上，可以改善你的健康。当时人们居然花钱买来一块放射性金属挂在脖子上，很显然，他们获得了信息并且运用了信息，但没有评估与辐射有关的危害信息。

因而，评估总是有必要的。今天的不同之处在于，我们需要评估的信息量和以前不同了。

数据泛滥

2011年初，南加州一所大学发布的一项研究表明，现今世界所有的数字存储器及模拟装置已足够存储295艾字节以上的信息。对于那些像我一样不经常接触艾字节的人来说，295艾字节的意思是295后面再加20个零。

这项研究还发现，全世界的计算能力从1986年到2007年（这项研究的时间段）之间，每年增长58%。

或许对你来说，人类在创造、储存、共享并试图处理比以往更多的信息并不是新闻。我们都感到从各方涌向我们的信息如此之多，以至于常常不知道该如何处理。

现在的研究表明，焦虑、压力以及超量信息会导致糟糕的决策。它被称为“信息瘫痪”。

我们一般用以下三种方式来处理信息：关注、行动及归档。现在，我们更多地尝试第四个选择：不做任何决定，忽视它。我们看到有关返校进修、找新工作或筹款买房子等信息之后，我们只是放弃，不做尝试。因为我们认为其实不是特别需要那些进修的课程。我们现在的工作还可以。我们以后再筹款买房子也没有问题。

你知道得越多，你需要学的就越多。

面对信息超负荷的最佳状况是维持现状。但更多的时候，它会使你倒退，因为这个世界是不会维持现状的，它在不断向前。你必须不断学习，因为世界一直在变化。如果你不学习，你肯定会被淘汰。你知道得越多，你需要学的就越多。

评估投资

那么，我们如何才能评估所得信息的有效性呢？

首先，**看来源**。要看信息来自谁，来自哪里。

很少有人或机构在发布信息时保持中立。他们那样做只是出于人性，并不意味着他们是坏人。在某些情况下，他们的偏见使人不信任他们；其他时候，他们只是提供一些数据，让这些数据去塑造他们希望你接受的观点。我获得的最糟糕的财务建议，来自我见过的最优秀的财务专家之一。即使最可信的人也不完美，所以，我们需要谨慎考虑他们的成见和观点，并将他们的建议与我们信任的其他人的建议相比较。

其次，**看证据**。那些经可靠研究和专家确认的证据。

很多支持网上信息的证据，主要来自轶闻。例如，有个网站宣称，一个名人戴着一个“能量吊坠”，这则信息宣称，那些吊坠除了有其他神奇功效之外，还能提升你的精力与体力。

在被诊断患上癌症后不久，一个朋友建议我使用某种补充剂，它是一种很罕见的金属，曾被视为治疗肺结核的药方。她给我的那一本手册记载了很多冗长的轶事，但却没有足够的证据能够证明那些声明可靠或那些补充剂有效。

与流行观念相反，数据并非是轶事趣闻的一种。你可以用轶事来支持数据，但轶事本身并不是有效的数据。换句话说，三个人使用了某种补充剂后康复的事实，并没有告诉我，曾经有人使用它以后送了命。

第三，**看相关性**（对于你的具体状况的意义）。

要小心未经验证的模仿的习惯。仅仅因为某种营销方法对电话公司奏效，并不意味着它对干洗店也奏效。有些策略和技巧可以跨行业使用，但不是所有方法都可以。

比如，财务计划。根据一个人的计分系统，不同情况有着不同的相关性。换句话说，你应该承担多少风险，与你的年龄以及你的目标等因素有关。

当你评估信息时，要评估它的有效性和相关性，然后运用你从中学到的教训，这样你就可以培养自信。

第四，**看你自己**（个人是否适合）。

你可以做很多事情，但考虑到自己的希望、恐惧及偏好，你最终会做你确信是最好的事情。并非所有信息都适用于每一个人，即使是有效信息。有些事情是我能做的，但我既不喜欢做也不需要做。有些时候，有些生意会阻碍我扮演好丈夫或好父亲的角色，这时，我就会放弃我能做的事情，去做我应该做并且想做的事情。就像20世纪企业管理大师彼得·德鲁克所说的，我看不到成为墓地里最有钱的人有任何意义。要清楚的是，对你而言，什么是最明智的选择。

学会学习

当我开始成为一名职业演说家时，我很荣幸能成为企业管理大师汤姆·彼得“追求卓越”研讨会的一个主要培训师，这个研讨会源于他同名的一本书。

当时，很多培训师其实就是在模仿汤姆，复述他用的材料、故事和解说。如果汤姆讲了一个关于丰田汽车的故事，他们就讲丰田汽车的故事。但我从来都不想只是复述汤姆的故事（虽然我当时被授权可以这样做），我想学习汤姆是如何思考的。所以我尝试去寻找汤姆一开始所使用的故事和例子。

我相信，我能成为当时最受欢迎的培训师，原因是我讲的故事能像汤姆一样，给听众带来同样的价值，但那些故事完全是用我自己的方式来表达的。做成功人士所做的事情，其实远远不够。我想学习他们行为背后的思维导图。换句话说，我不希望他们告诉我去想什么，我希望他们教我如何去想。

这些年来我看到的是，伟大的思考者，也就是那些在任何环境下都能发出闪耀光芒的人，他们是用以下的思维和学习习惯来对待生活的。

将调查与询问作为一种生活方式。有个朋友的儿子穿了一件T恤，上面写着“我必须知道”，这件衣服非常适合他。对于别人的回答，他的回应总是“为什么呢”？如果你想持续不断地学习，就需要像孩童般那样不断地问问题，特别是问“为什么”，然后深挖细节。用你所读的书、去过的地方、经历过的事情以及认识的人来挑战自己。问更多的问题，问更好的问题，问更多的人，问不同的人。

问。问。问。

读。读。读。

听。听。听。

这似乎很简单，但很少有人这样做。

问更多的问题，问更好的问题，问更多的人，问不同的人。

为自己思考。调查与询问的生活方式提供了大量信息与观点，但没有一个观点比你自己的观点更重要。批判性思考，尤其是你觉得不确定的时候。记得看看来源，看看支持，看看相关性。然后，聆听你的直觉，做出自己的决定。

在将来时态中学习。以现在主义者的身份生活，并不意味着你不应当思考和预备将来。你学得越多，就越清楚需要学习什么，才能适应周围日益变化的世界。你需要清楚自己擅长什么专业，最好的学习者知道应该把学习精力投入在哪里。举目环看：如今，你应当探寻什么技术、话题、潜在机会或问题以备将来所需？

设计你自己的持续教育计划。俗话说得好，计划你的工作，然后执行你的计划。你要掌控你的学习日程表。不只是你将要学什么，还有学习的步伐，以及最适合你的学习方式。你的学习计划可能包括与带领团队有关的领导力课程，或者一对一的音乐辅导，或者是参加顾客服务的研讨会。无论如何，第一步是制订好计划。

安排时间来学习。你曾否“找到”两个小时来学习呢？学习并不是偶然发生的，但我们很少花时间学习那些能为我们带来洞察力的知识；也很少花时间消化我们所学的东西，把它变成自己的；更不用说把精力投入在能为我们及他人的生活增添价值的思考上面。

八十多岁高龄的传奇演说家、励志作家金克拉说：“我仍然每天阅读三小时，因为我总在思考。”

我们总是倾向于被动思考，即回应问题、疑难和机遇，却不安排时间来主动思考。所以，我们需要安排时间来阅读，安排时间参加研讨会和培训。最重要的是，安排时间来思考。思想你所成就的事情、你从最近的成功与挫折中学到了什么、你的感受、需要你关注的人，以及你对未来的远景和展望（个人方面和事业方面）。我发现，同时将祷告纳入这一段时间很有帮助。在思考和学习中寻求见解和洞察力。运用你所学到的来寻求智慧。

沉思常常需要独处，这也许需要你找一个宁静之地，或关上办公室的门，关掉所有可能干扰你的东西，如电话、电脑等。我认识一个人，每周有那么一两次，带上午餐去墓地里思考。那里没人打扰他，还可以提醒他不要浪费生命。另一个人则在日程表上做标记，提醒自己，每天下午自己要和自己开三十分钟会。

重视思考的领导者，将沉思当做他们日程表的一部分，他们将自己的学习转化为杠杆，不论是在顺境、逆境还是在平常境况都获益。

第三部分 做

Up, Down, or Sideways

在商界，有一句流行的格言：

除非有人去销售，否则不会有任何事情发生。

用于生活中，它必然的结论是：

除非有人去做一些事情，否则不会有任何事情发生。

思维模式固然重要，但远远不够。

基于正确的理由，用正确的方法，

做正确的事情，并且持续不断地做下去，

这样才能创造可持续的成功。

花时间去思考吧！

但当行动的时机来临时，

停止思考，立刻行动，切莫犹豫。

——拿破仑·波拿巴

第6章　产品价值

价值让你留在游戏中。

一个叫金姆的大学生需要一份工作。她因为曾有影音制作方面的工作经验，便决定自己开办一家小公司。她通过家庭关系、学校关系和社会传媒，做广告说，自己有能力把VHS录像带转换为数字格式。

金姆就此忙碌起来。她经常把父母们为自己的家庭自制的影片带回家，把它们转化为新的数字格式，使之既能保存得更久，又能在现代科技产品上播放。

金姆从一开始就明白，她的这份业余工作，为自己开启了一个小小的机会之窗，她必须尽快抓住，否则她的客户群很快就会消失。她抓住了机会，使用技能来解决人们面临的问题，这样，她赚了一点钱，来应付她的所需。

金姆发现了一个需要，并提供了价值，这就是所有生意的基础。价值是商业的货币。如果没有需要，她的技能在市场上就没有价值。如果市场有需要，但她却没有技能，她就无法在市场上提供价值。

个人及机构愿意付出代价，去购买他们认为有价值的东西。不管在何种经济形势下，机构及个人如果无法提供市场认为有价值的东西，就会落在后头，直到被淘汰。

更具挑战性的是，价值是一个会移动的靶子。我亲眼看到，这个世界从黑胶唱片发展到八音道磁带，接着是盒式磁带，然后是光盘，到现在是数码格式的mp3文件。然而，产品的价值仍持续升级。总是有着一些最新的东西在虎视眈眈，让我们刚刚买到的音频播放器变得过时。

价值是商业的货币。

在任何经济形势下，清楚知道如何辨认和创造价值的人，无论是员工、雇主还是企业家，都是市场的弄潮儿。换句话说，要想在顺境、逆境及平常境况都能获得成功，最终取决于你的理解力、创造力以及管理价值的能力。

这是一个积极的过程。它需要你采取行动，去做一些事情。简而言之，你必须创造价值、培育人际关系价值、显明你的价值、保护你的价值、欣赏你的价值（我们将在接下来几章谈到这些话题）。

如果你想降低消极面，提升积极面，就得认清，价值是让你赢得发言权的通行证。那些被培育、清晰显著、被悉心保护和被欣赏的极端价值，使你成为一个大赢家，无论环境或形势如何。

生产价值

无论是在工作中或生活中，归根结底，你需要创造人们认为有价值的产品、服务、经验和观念。

不创造价值的行业和企业最终会过时和被淘汰，最好的结局是被挤到日益高度专业细分的市场缝隙（niche market）或角落。但即使是身处市场缝隙中的行业和企业，也必须学会创造价值。至少要创造出足够让自己在自己定义的计分系统中存活的价值。

作为个人，无论是处在顺境、逆境还是平常境况，我们在工作上的成功，取决于我们持续不断地在我们所生产的产品中创造价值的能力。我们可以做好我们的工作，例如，填写纳税申报单，操作游乐场设施，维修水管，在收银机上收钱，演讲，卖保险，参加行政人员会议，却创造出很少的价值，甚至毫无价值。过程并非产品。你为谋生而做的事情，不是人们认为有价值的；人们认为有价值的，是过程的产物。

作家兼管理学教授迈克尔·勒巴夫曾经说过：人们只会购买两样东西，第一是问题的解决方法，第二是好心情。例如，几年前，我在一个旅游胜地的游泳池里游泳，有个年轻女士在卖防晒油。她先告诉我这件产品的所有信息，也就是如何解决我的问题，然后以这句话来结尾："如果你愿意买这瓶防晒油，只需要11.95美元，我很乐意把它涂在您的背上试一试。"

我不仅买了一瓶，而且直到婚后，我还将它放在家里的药柜里，以此来提醒我，人们只购买两样东西：问题的解决方法和好心情。

那么，你的产品是什么呢？它的价值又是什么呢？

让你的管道保持满溢

要想在顺境、逆境或平常境况都取得成功，你必须生产人们认为有价值的东西和经历，而且最好能有足够多的人认为你的产品有价值。当其他人想要你所提供的东西，并愿意向你购买时，这就证明你正在创造价值。关键是，要用足够多的人们认为有价值的东西以及足够多认为这些东西有价值的人，来让你的管道保持满溢。

具体一点来说，你需要把这三样东西注入你的管道里：重要的人际关系、有价值的项目和潜在的客户。处于顺境时，这三样都很重要；处于逆境时，它们绝对是不可或缺的。

要用足够多的人们认为有价值的东西以及足够多认为这些东西有价值的人，来让你的管道保持满溢。

用人际关系来让你的管道保持满溢。每个人都很重要。朋友、家人、同事、伙伴、你刚刚遇见的人、你刚刚接触的人、你的竞争对手、你的客户，等等。人很重要，别的不说，至少上帝赋予我们所有人以内在的价值。别把人们仅仅看做是交易性的。他们很重要。在你的人际关系中创造价值很重要，首先，因为这是应该做的事情；其次，人际关系是恒久成功必不可少的因素之一。

创造人际关系不仅仅意味着通过建立人际关系网络来创造一些人际关系，你可以使它增值，并从中得到价值，以便你可以得到你追求成功、管理成功、减轻烦恼等方面所需要的支持。

在下一章，我们将更详细地探讨如何培养这些人际关系。但我们需要先明白，在你的人际关系中创造价值是至关重要的，这一点非常重要。

用项目让你的管道保持满溢。联邦预算程序的政治斗争，经常会使政府工作面临停顿的威胁。如果真遇到这样的情况（这种情况，1995年发生过一次），那么，所有“不重要的”联邦工作人员就要去休假。他们不用上班（尽管最后还是给他们补发了工资）。专家们惊呼道：“既然他们不重要，我们为什么还要用纳税人的钱来付他们工资呢？”

经常聘用非关键人员的企业，在生意场上混不了多长时间。无论是否在管理层，我们都需要为自己的机构增值，这首先要用有价值的项目来让我们的管道保持满溢。

处于顺境的时候，雇主会奖励那些带领首要项目的员工。处于逆境的时候，雇主会解雇那些做最不重要事情的人。如果你在自己的项目中创造了价值，在逆境的时候，你必定不会被解雇。情况普普通通的时候，很少会加薪；但当你接到了一个紧急任务，那将是获得加薪的最佳机会。

用客户让你的管道保持满溢。除非你的客户多得让你无法估计，甚至你都不想一一回应，否则你的客户永远不会太多。但这是能力问题，就如古老的销售格言所说的：即使你有了你想要的所有客户，仍要继续销售。要想确保你一直拥有你想得到的所有客户，唯一的方式是，让你的管道里充满着潜在的新客户。

房屋贷款行业是个最佳例子。我给房贷公司做过很多年的演讲。2007年，在房地产贷款行业鼎盛的时候，很多想再融资的房主，都得不到房贷公司的回话。但金融危机到来以后，房贷公司拼命追逐再融资业务，因为他们需要借贷信用良好的客户，但他们已经把自己的管道榨得太干了。

驾驭新浪潮

美国直销业曾高度重视电话黄页。黄页上列出了所有生意和服务种类，查询非常方便。黄页印好以后，被送到

了。如果安塞尔·亚当斯（20世纪美国摄影家，以拍摄黑白风光照片著称）活在今天这个高科技社会，我猜他依然会是个摄影师，但他肯定会是一个数字化摄影大师，同时也很可能精通摄影的化学过程。

我们也可以在人际关系中创造价值，其中一种最好的方法是鼓励他人。当别人做得很好或需要支持的时候，只是留意到是远远不够的。只有当我们向他们表达欣赏或提供帮助时，才真正创造了价值。

专注于价值，可以让你有效地应对当前和将来的挑战，无论是在顺境、逆境还是平常境况，都可以帮助你站立得稳。

第7章　建立和保持人际关系

要精心维护重要的人际关系。

在我被选为全美演说家协会（NSA）主席后，约翰·阿什克罗夫特送给了我几句深刻的智慧之语。他说："你成为一名领袖以后，会有很多人和你拉拢关系，但只有几个人会成为你真正的朋友。"

约翰·阿什克罗夫特是美国前参议员、密苏里州州长，他在2001~2005年期间担任司法部长。以上是他的经验之谈。当然，他说的是实话。

作为美国演说家协会的长期会员，我在协会里有很多亲密的朋友。但我成为协会主席以后，忽然发现，自己有了一些从前根本就不认识的朋友。这是何故呢？因为我能够给这些"新朋友"分配最好的委员会角色，能够把他们推荐到大型会议担任主讲嘉宾，能够提升他们的明星地位和名望。但当我任期结束后，却发现那些朋友很多又开始讨好新任主席了。他们甚至再也没有联系过我。

下面是马蒂·格兰德的故事。

1984年，马蒂在一个旧货市场用25美元淘到了一台割草机，他开始给人修整草坪，攒钱读大学。到了1990年，他已经在俄亥俄州的代顿大学读大四了，那时，他的“小生意”年营业额已经超过30万美元。如今，格兰德园林公司已拥有员工约四十名，年营业额达到450万美元以上。

马蒂生意上的成功吸引了其他企业家及商界领袖的注意，他们都想效法他的经验。于是，马蒂开始公开演讲，并最终成为NSA的会员。

建立关系很重要，但维护关系更重要。

我和马蒂初次见面是在机场，那时我们刚参加完NSA的一场活动，他让我给他一些关于他的演讲事业的建议。很快，我们建立了工作关系，并成为了好朋友。马蒂在与人保持联系方面做得很出色，他总是给我发一些有趣的信息，也总是给我提供新的生意机会。他总是很感恩，也很乐于鼓励人。

我与马蒂的关系使我受益匪浅，最重要的一点是：建立关系很重要，但维护关系更重要。

联结的生活

生活处于上下左右时，你会希望全世界的马蒂·格兰德都来支持你。但只有少数人是人际关系网络的建造者，愿意共享资源和保持联系，大多数人都是交易一旦结束就很快消失的人，或者是当你的资源和关系无法再给他们带来效益时就消失的人。

马蒂及像他一样的人，在你处于顺境时让你保持警醒，在你生活普普通通时让你重新启动，在你处于逆境时对你不离不弃。无论你遇见什么情况，不管是在事业、家庭、健康、信仰还是其他方面，他们永远都会支持你。

我的朋友汤米·斯波尔丁在他的《不单单是你认识的人》（*It's Not Just Who You Know*）一书中，从交易型（最底层）到变革型（最顶层）定义了人际关系的五个层次。在这五个不同层次中，我们都有着人际关系。再稍加努力，我们大多数人还能在较高层次上拥有更多的人际关系。

无论人际关系处于何种层次，我们都要好好培育它们，这对于充分利用生活中的顺境以及缓和生活中的逆境都是至关重要的原则。我将它称为“联结理念”：呵护好你的关系——你珍惜的人——珍惜你的人。

用爱和服务来联结

有许多方法可以审视你的人际关系和潜在的人际关系，我个人的方法是基于输入与输出的简单理念。别人给你的生活带来了什么呢？你又给别人的生活带来了什么呢？

所谓“别人”，是你认识或接触到的所有人，你的家人、朋友、同事、客户、社区人员、餐厅服务生等，可以说是每个人。当你创造出一些有价值的东西时，其他人就会获益。谁是那些获益的人呢？而谁又是那些影响你创造价值的人呢？

当然，你不会对所有人都一视同仁。你不会向餐厅服务生询问职业发展的建议（尽管你也可能这样做），你也应该不会向老板询问性生活的建议（尽管你也可能这样做）。每一种关系都是独一无二的，但有两个理念互相关联，并且是所有人际关系的基础：爱和服务。

当你把这两样东西注入你的人际关系时，它们会立刻回到你的身上，但这个时候，就不是二加二等于四了，它等于多得多的结果，因为你创造了忠诚，而忠诚是一个巨大的倍增器。

超我服务

或许，你听过这个说法：每一个机构的每一个人都在销售。但销售本身创造不了顾客，它创造的是一种交易。而服务，也就是我们如何对待和关心别人，才能创造顾客。假如没有顾客，一切将会失去。记住：没有顾客，就没有利润。因此，与客户建立联结，对于最初的交易非常重要，对于他们对你的机构和品牌的忠诚度，就更为重要了。

同样，服务是你所有其他人际关系的基石。你如何服务你的配偶？你的孩子？你的朋友？你的员工？你的老板？你的董事会成员？你的教会？你的社区？

当你服务他人时，记住两点：

1. 了解你服务的对象。了解他们认为什么有价值，了解他们的计分系统。例如，你的老板如何评价你的工作表现呢？你的顾客如何评价你的产品呢？

当我与客户一起处理顾客服务的难题时，我让他们问顾客三个问题：

（1）和我们做生意时，你最喜欢的是哪一点？

（2）你最不喜欢的又是哪一点？

（3）你是如何向他人描述我们公司的？

你可以针对你其他人际关系的具体情况，来调整这些问题，你要了解你所服务的对象有哪些需要和期望。

但不要在这里止步，尽可能进一步地了解你的服务对象以及服务你的人，越多越好。这需要我们有所超越，不要只是聊些家长里短，而应当探讨一些更深刻的话题。挑战我们自己去真正了解他人，这在我们的文化中是不常见的。通过外表和言行来评判别人，远比辛辛苦苦地了解他们为何如此来得容易。然而，如果你不充分了解他人，你就很难服务好他们。

在这一点上，很少有机构比HEB食品店做得更好。HEB的总部设在德克萨斯州，拥有三百多家连锁店，以优质服务而闻名。这家连锁店的企业文化是“永不满足的不满足（restless dissatisfaction）、像顾客所想的那样去想。

他们并以此为荣。

譬如，HEB的经理们曾经留意到，外用酒精的销售出现了不寻常的增长。于是，他们不只是增加了库存，还去尝试弄明白销售增长的原因。原来，无力购买空调的客户用这种酒精来清凉皮肤。于是，HEB与厂家合作，生产自己品牌的外用酒精，里面含有润肤膏，不但有清凉的效果还可以保护皮肤免于干燥。这一产品很快就占了HEB外用酒精销量的25%。

2. **一切在于他们**。扶轮社的伟大口号是："超我服务"。这是我们在所有人际关系中都应当追求的理想。我们需要关注他人，把他们的利益放在我们的利益之上，无论在个人关系还是在商业关系中，都应该如此。如《腓立比书》2章3节所说的那样："只要存心谦卑，各人看别人比自己强。"

阿兰·韦斯是位演说家兼顾问，有一次，我们一同出席一个论坛时，他说："最终，一切都在于提升人们的现状。你让他们的情况更好。"当时，这句话主要是针对服务顾客说的，但他的理念超越了顾客服务范畴，适用于任何人际关系。

如果你认为自己在服务别人（你的配偶、老板、同事和朋友），但他们却感觉不到自己是在被服务，那么，你就要针对他们的实际情况来调整你的服务。去认真了解他们需要什么，并把他们的需要放在你的需要之上。这样做，不要想得到回报，而是因为这是正确的事情。至于能否获益，就是第二位了。

你不能没有爱

之前，我写过一本书，曾提到一个非凡的人物——我的主编，他非常热爱自己的工作。当时，他把我在书中出现的“爱”字全都删除了，并建议改用“慷慨的精神”。

“为什么不可以用‘爱’字呢？”我问道。

“因为爱这个字让生意人觉得很怪异。”他答道。

我觉得他说的话只是对了一半。“爱”这个字确实让大部分人觉得很怪异，在工作场合尤其如此。往往，人们会把这个字与虚假的情感联系起来。“我爱我的同事。”“我爱我的客户。”“我爱我的日常工作。”空洞、肤浅、陈词滥调。

没有一个人会爱自己工作的方方面面，因为在这个不完美的世界里，没有完美的工作。但我们可以爱我们所做的事情，爱我们的同事，爱我们服务的对象。做这些事情的时候，我们可以无需做过头，也无需表现得多么甜蜜。

如果不用爱心来做，又何必去做呢?

我入住亚特兰大的丽嘉酒店（Ritz-Carlton Hotel）时，曾看到过一个活生生的见证。这是一家顶级酒店，每一个员工都抱着“以绅士淑女的态度，来服务绅士淑女”这一心态，来为客人提供卓越服务。

有天早晨，我在餐厅吃自助早餐，点了一份蛋卷，里面配上很多蔬菜、火腿，还有一点奶酪。“你得往蛋卷里再多放点奶酪，”我和做蛋卷的厨师杰莱米说道，“要不然就太乏味了。”

“我的蛋卷才不是这样！”他低声说道，“它们从不乏味，因为我添加了一份特别的佐料。”说完，他故意停顿了一下：“我是用‘爱’来炒蛋卷的！”

他异样的声音引起了我的注意。我礼貌地笑了笑，把盘子端到自己的餐桌上。只咬了一口，我就发现，杰莱米确实为我准备了一道不寻常的菜。几分钟后，他过来问我对这道菜的看法。我告诉他，它棒极了，或许是因为它是用“爱”做成的吧！杰莱米神情严肃地说道：“如果不用爱心来做，又何必去做呢？”

杰莱米清楚这个道理。他明白，当我们用爱来定义工作中的自己时，我们就成了不可抗拒的领导者，就会对我们所做的事情抱着富有感染力的激情。我们会照顾好他人，让他们从我们创造的价值中获益，并培育能够影响我们价值的人际关系。

爱的佐料

要让爱成为我们价值观的一部分以及培育人际关系的推动力，我们就必须对这个词的传统理解重新定位。考虑到本书的目的，我对“爱”的定义是：爱是对我们所做的事情、一起做事情的人以及服务对象的一种深层的情感。

无论做什么工作，我们至少可以在其中的某一个领域内获得成就和意义。

要想让爱带来任何改变，它就得被表现出来，而不仅仅是被感觉到。在态度和行为上显出爱来，一个很重要的方式是通过服务，我们已经探讨过这个话题了。以下是让爱发生的进一步方式：

耐心。爱是接纳某个人，包括他或她的不完美、弱点、要求等一切，无论他或她的处境如何，有何需要。我们必须到我们人际关系所在的地方，去满足他们的需要，而不是按我们所期待的那样去量度他们。耐心需要我们将自己的期望放在一旁，但却不是沉溺于沮丧或悲观情绪中。

要想让爱带来任何改变，它就得被表现出来；它不仅仅是被感觉到，更需要在态度和行为上显出来。

激励。爱是忍耐，但不满足于现状。不是把人们留在他们现在所在的地方。爱不只是专注于事情现在的样子，还专注于它可能成为的样子。思想家拉尔夫·瓦尔多·爱默生曾说：“我们的首要需求，是有一个人能激励我们成为自己能成为的人。”的确，认可一个人的潜力，通常能让他或她朝着成功迈进。

感激。感激来自于寻找事情好的方面，而不是对错误的过度敏感。感激是选择专注于积极的事情上，即便你无法忽视那些消极的事情。太多的时候，我们忘记停下脚步，去感谢与我们一同服务的人以及服务我们的人。感激可以是最小的手势，也可以是大笔的奖金或奖章，无论如何，人们都需要知道，他们的工作很重要。每次当我们表达真挚的感谢时，我们的客户和同事都会积极地回应我们。我绝对保证。

咨询意见。不要单单告诉人们他们想听的，也要告诉他们——他们需要听的。只要确保你用他们愿意听的方式来讲就行。

爱意味着提供明智、有洞察力的建议，并且是从听者的最大利益出发，而不是讲者的最大利益。提供细致周到的意见表明我们珍惜那个人，并关注他或她的需要。

教导。咨询意见是我们给别人的建议，而教导则是用温柔、明辨是非和无私的方式，教给别人一些东西。把我的意见和看法告诉你是一回事，但向你展示如何操作，则需要我承诺时间。通过提供我们的经验和来之不易的知识，我们可以帮助他人避免我们曾经犯过的错误，取得我们已经取得的成果，并超越我们能做到的事情。在学生学习的时候，最有效的老师会陪伴着他们，称赞他们的成就，而不是整天批评他们的缺点。

时间。在这个光速般发展的世界，人们关注一件事情平均不超过两分钟，时间成了珍贵的商品，而且必须这样对待。当我们将时间投资在关系上时，就表明我们对他们的珍惜胜于其他吸引我们注意力的东西。

在工作期间，最有威力的一种爱的行为是稍微停下来，安排时间来完全陪伴另一个人。我们永远只是互相问，“你怎么样啊？”却从没有真正关心过别人。多么遗憾啊！

腾出时间来。不，是给予时间。

同情心。我们如何工作，这能给整个世界带来不同。行为是否出于同情心正是平凡与非凡之间的差别。

作为专业人士，我们很容易为自己精心打造一个华而不实的自信的外表。但实际上，我们全是破碎的、伤害他人以及受伤的人。这就是人生。我的朋友肯·戴维斯是一位作家兼演说家，他很好地概括了我们的处境：“我不太好，你也不太好，这些都没关系。”

承认自己的软弱，哀悼自身的损失，在困难的时候彼此劝慰，比任何其他表达更能强化我们的关系。真正的同情心意味着，即使我们向他人表达同理心或支持的时候，我们也愿意承认自身的脆弱和挣扎。

鼓励。爱就是表达肺腑之言，肯定、激励并推动我们生命中所遇到的人。我们都需要某个人而不是某件物体在我们人生赛场的边线，为我们加油打气。别人表现得不错的时候，我们要想方设法表示关注；当他们摔倒的时候，我们需要扶持他们。尽管常常被忽视，但鼓励可能是将爱注入我们生活和人际关系的最简便的方式。只要抬头看看，我们就能发现，造就别人的机会到处都是。

那么，你是如何对待爱的呢？在这方面，我用来评估自己的一个方法是，把我的名字镶入《圣经》一段熟悉的经文中，《哥林多前书》13章4–7节说："爱是恒久忍耐，又有恩慈；爱是不嫉妒，爱是不自夸，不张狂，不做害羞的事情，不求自己的益处，不轻易发怒，不计算人的恶，不喜欢不义，只喜欢真理；凡事包容，凡事相信，凡事盼望，凡事忍耐。"

把"爱"字换成你的名字。如果你像我这样做，爱将会挑战你，警醒你。

当我们创造价值，并用服务和爱来传递价值的时候，我们就培养了一些人际关系，提升了我们对别人的价值，倍增了他们对我们价值的影响。我们的产品和服务变得更加有吸引力，引起了顾客更好的回应。我们让更多的好员工留下来，建立了有意义、坚固、可靠的人际关系。最重要的是，这些结果总是会带来个人满足感和焕发全新的动力，无论生活把我们扔在什么处境里，这些都会指引我们的旅程。

第8章　持续不断地创新

你的对手正在变得

越来越好，你呢？

伍迪·海耶斯连续28个赛季担任俄亥俄州立大学的橄榄球主教练，但由于1978年“鳄鱼杯赛”中发生的一桩丑闻，他被解雇了。

在第四赛季，当时“七叶树队”已经做好准备在禁区内射门，而海耶斯却吩咐队员们传球。结果，克莱姆森大学的一名球员截获了该球，球被踢出了俄亥俄州立大学球队的边界，为克莱姆森大学赢得了胜利。眼看比赛即将结束，对手准备庆贺胜利，沮丧万分的海耶斯，按捺不住内心的怒火，冲上前去狠狠揍了截球的那名球员。

不过，对于俄亥俄州立大学球队的大多数球迷而言，这并非伍迪·海耶斯执教的“战绩”。很自然地，人们会联想到他骄人的执教记录——赢238场、输72场、平10场、3次获得全国锦标赛冠军，还有13场获得十大联盟头衔。这些足已让海耶斯跻身大学橄榄球名人堂了。而且，俄亥俄州立大学的“伍迪·海耶斯运动中心”就是以他的名字来命名的。

其他人则看到他身为一名主席而留下的业绩——国家安全研究所的韦恩·伍德罗·海耶斯主席。1987年，他去世后，人们遵从他的遗愿，把他的捐赠投放到学术研究上，所以就有了主席这一名号。海耶斯曾向理查德·尼克松盘问过外交政策，他也一直把学术研究看得和橄榄球一样重要。

我记得海耶斯的这些事迹，但印象最深刻的，是我在俄亥俄州立大学就读时，他在一场赛前动员大会上的发言。他说：“你要么更棒，要么更糟，保持现状纯粹是个神话。”

保持现状纯粹是个神话。

我曾以为那只是教练的行话而已，但时间和经历让我逐渐明白，他说得很对。在这个竞争激烈的世界里，如果你保持一成不变，就会被淘汰。因此，持续不断地创新就变得非常重要了。你的竞争对手变得越来越强，所以你必须也要变得越来越强。

你个人的经济状况无论是向上、向下还是普普通通，你都没有资本保持一成不变，因为保持现状纯粹是一个神话。

最好、更好、下一步

客户总是希望我谈谈最佳做法（Best Practices，企业培训用语，通常被译为“成功案例”或者“经典案例”，但在这里，为了上下文通顺，被译为“最佳做法”）。我告诉他们的是：我不相信有“最佳做法”这回事。

“最佳做法”这个词听起来很响亮，也很有价值。但事实上，“最佳做法”这一概念往往需要在前面加上限定词，例如，“迄今为止的”，“我们所知晓的”，“当前情况下的”，等等。

力争最佳，曾促使很多机构创新改进。但今天的最佳做法，是下星期第二佳的做法，也可能是下个月被淘汰的做法。

不仅如此，你的竞争对手也知道并可能和你采取同样的最佳做法。即使他们现在还没有这样做，他们很快会这样做。广告大师 Lee Clow 如此说：“当你在浏览一个最佳做法的清单时，请谨记，在某些地方，已有人把它们印成书出售了。”所以，如果所有人都采用相同的最佳做法，你就没有多少竞争优势了。

相比起最佳做法，我更相信“更佳做法”和“下一步做法”。

更佳做法：我们如何把其他人做得最好的事情，再做得好一点呢？

下一步做法：我们如何才能改变游戏呢？

在家庭影院行业里，巨片曾是最佳做法，网络电影是更佳做法，而苹果电视则是下一步的做法。世界的变化如此飞速，很可能就在你读本书的时候，就有了一位新的竞争者来争夺下一步做法的宝座了。

今天的最佳做法，是下星期第二佳的做法，也可能是下个月被淘汰的做法。

加里·哈默尔和普拉哈拉德在他们的《竞争大未来》（*Competing for the Future*）一书中使用了规则制定者、规则执行者和规则打破者这些标志性用语。规则制定者在行业内制定策略，如思科、IBM、惠普等老牌企业；规则执行者按照规则制定者所设立的规则来行事。规则打破者则改变游戏，尽管有些公司已有了些年头，例如苹果、谷歌、微软等，却仍是市场新贵。

虽然我在这里是用企业作为例子，但这个概念适用于我们每一个人。在形势向上的时候，规则执行者可以表现得不错，在普普通通的时候也可以存活下来，但在形势向下的时候则会失去自己的地位。仅仅表现得与他人一样好还远远不够，你必须培养出一种能力，持续不断地传递价值，并预测将来你的价值会如何。你必须看到下一步该做什么，并要与那些乐于专注在最佳做法的人区别开来。

让自己的价值与众不同

如果你将价值视为一个等式，它可能会是这样的：V（价值）=期望+教育+额外的一些东西。

包括我们机构在内的大多数人所面临的问题是：我们“额外的一些东西”是什么呢？我们的特色又是什么呢？

看看以下这些超越客人所求所想的机构：

- 在丹佛，有一家餐馆标榜自己是“在随意氛围内享用高档食物”的餐厅，他们与众不同的方式是，将炸酱菜染成红色，然后加入食物中。
- 在墨西哥的嘉年华美洲度假村内，服务员的目光与游客接触以后，立刻用西班牙语同他们打招呼。“我们的游客来自墨西哥，”度假村总经理和我说道，“要的是一种真实的体验。所以我们鼓励服务员用西班牙语和他们打招呼，如果时间允许，我们还教游客们一点儿西班牙语。”
- 每期《成功》杂志都包含一张音频CD在内。我问出版商达伦·哈代，为何不简单地在杂志内留下音频的网上链接地址即可，他睿智地答道：因为其他人恰恰是那样做的。即使在杂志内附上CD光盘成本更大，对订阅者而言，这会是一个与众不同的增值。

我有一个很大的文件夹，里面装满了被视为创新的产品和服务的案例，但创新却不仅仅是技术上的突破。实际上，当你真正思考创新时，它不是关于创造某些新东西，而更多的是让某些东西具有独特性，无论新或旧。我甚至可以这样说，创新的目的在于创造独特性。你可以在你所做的事情、你做事情的方法、你提供的产品和服务以及你的经历中创造独特性。

与众不同还远远不够。只是不同，但没有被认为有价值，是很奇怪的。独特性是既与众不同又被认为有价值。所以，把你的价值变得与众不同吧。

钢琴效应

Publicis环球前任首席运营官罗伯特·布鲁姆很清楚地记得，当他们一家人开车周游全美时，父亲总是喜欢把车停在美孚站加油，只是因为美孚站有着干净的洗手间。

这一价值为客人创造了一种“偏好”，布鲁姆如此回忆道。

“通过为客户提供或小或大的好处，你就为他们创造了偏好，”布鲁姆在2011年接受《成功》杂志采访时说道，“你无须将整个店铺都送出去。有很多方法可以用来为客户创造品牌意识和品牌偏好。”

有一年圣诞节，我在一个购物广场里闲逛时，被一件事情深深吸引，它产生了偏好。在“诺世全百货”（Nordstrom）公司里，一位男士坐在长椅上，用小型钢琴弹奏着圣诞节音乐。音乐回荡在空中，弥漫在衣服架当中和珠宝柜里，营造了温暖的购物气氛。

我继续逛购物广场的其他地方，发现其他店铺都被装饰成彻头彻尾的红色和绿色。我在其他四家店铺逗留了一些时间，它们的外观几乎都是一样的，而且都没有钢琴演奏者。“诺世全百货”成功地制造了“钢琴效应”，即你的工作或生意中拥有如此与众不同而又被认为有价值的东西，以至于当客人再光顾其他店铺发现它们缺少这一特色时，他们便会回到你这里来。

当我们创新时，无论是个人还是机构，需要常常这样自问：我能做哪些事情来创造“钢琴效应”呢？

在我看来，至少可以做六件事情来为所有事物增添价值，并创造出“钢琴效应”：更多、更好、更快、不同、更少，以及更有趣。

你的**更多**，可能意味着更多的店铺开张，同等价格可以买到更多产品，更多口味，更多的地点，更多的解决方案，飞机里有更多的空间可以伸腿，或者更多的方便。

你的**更好**，是关于质量的。你的加油站洗手间更干净一些。Neiman Marcus公司董事会前任主席兼董事长斯坦利·马库斯喜欢这样说："人们在忘记商品价格很久以后，却依然记得商品的质量。"在你的产品中、服务中、承诺中、产品讲解中以及你办公区的外观中，也就是在所有你所做的事情、所说的话和所销售的产品里，你的质量都会闪闪发光。

你的**更快**，展现了你如何珍惜服务对象的时间。你是否在最后期限之前完成任务？是否及时回电话或电子邮件？你是否收到隔夜寄达的包裹？你的车子是否在十分钟内换好润滑油？你点的比萨饼是否在三十分钟内送上来？你是否做事情比竞争对手快而给顾客增值呢？

你的**不同**，让你对任何情形的回应都不寻常，继而创造出一些有价值的东西，并且因为它独树一帜而被人们注意到。你是否将你的炸酱菜染红？你是否鼓励你酒店的服务员与游客互动呢？

再或者，你是否会去解决那些并非你自己惹出来的麻烦呢？

我的文件夹里保存了一封信，是一位旅客写给美国西部航空公司的（American West Airlines）。多年前他曾与美国西部航空公司发生了点冲突。他写信给该公司的主席，同时寄了一份复印件给当时的西南航空公司主席赫伯·凯莱赫。

美国西部航空公司只是回复了一封标准信函，内容大致如下："很抱歉，您遇到了一点问题。"但他们并未采取任何解决措施。凯莱赫的回复则是这样的："我们不想说有关我们竞争对手的任何负面的话，但对于您遇到的问题，我们深感抱歉。如果您愿意尝试西南航空，我们这里有张代金券，可供您搭乘我们的国内航班，去任何地方，体验一次我们的热情和服务。"赫伯解决了一个并非他制造出来的问题，并且用39美元获得了一位终身乘客。

你的**更少**，不一定就是你的"更多"的反面，两者只是不同而已。你能否像沃尔玛一样，承诺花更少的钱提供同样多的产品呢？能否像"行政人员书摘"（Soundview）所承诺的一样，节省别人的金钱与时间呢？能否减少你所珍惜的人在某些经历或产品上所遇到的麻烦和压力呢？如果你能做到，你就创造了一种持久的独特性。

你的**更有趣**，全部在于你创造的经历。更有趣代表了一种重要的理想状态，使你回味无穷。你每次乘飞机时，可能听到的是千篇一律的套话，但有些空服人员却能把这些话讲得更为风趣幽默。

有一次，我一个朋友和妻子去一家著名的连锁快餐店用餐。如往常一样，他们原本只是想快速地享用到美味的鸡肉三明治。直到在门口有人用法语和他们打招呼并发现自己步入了一家装饰成法国风格的餐馆时，他们才意识到，那天是情人节周末。有支弦乐队在奏乐，两名员工在分发免费甜点，那里的所有人都过得很开心。在一家普通快餐店里的一顿惯例晚餐，竟变得如此丰富多彩。确切地说，是变得更“有趣”了。

2010年夏天，斯毕勒（Spillers）音像店面临着它辉煌历史中前所未有的巨大挑战。随着租金的增长、行情直线下滑，以及经济停滞不前，似乎宣告这家百年老店即将寿终正寝。

亨利·斯毕勒于1894年开办的这家世界上最古老的音像店，六十年来，都始终屹立于威尔士卡迪夫（Cardiff）镇的同一个地方，但区域重建工程改变了周围社区的景致。伴随着社区装修的高档奢华，高租金也随之而来，斯毕勒几乎无法承受如此迅速增长的租金。

这次，店主尼克·托德决定把商店迁到管理成本更低的新址。然后，他把生意经营权交给了自己的两个女儿，她们一个27岁，一个31岁，希望这两个新生代的店主能把接力棒继续传下去。

这家曾经历过顺境，经常处于平常境况，而在可预见的将来走下坡路的百年老店，如何才能在这样的逆境中生存下来呢？通过实践创新理念，以及创造自身的“钢琴效应”，也就是需要提供独特性价值，并提供更多、更好、更快、不同、更少及更有趣的东西。

商店搬迁后不久，该店的合伙人兼经理艾希里·托德告诉一个博客主，她对斯毕勒的独特性有了自己的看法。

她说：“实体音像店和网上音像店不同，它必须有自己的特色，才能让客户愿意在其中逗留三个小时。它不只是让客人买张光盘而已，它必须是一个舒适的空间，一个快乐的环境，以便人们可以翻阅杂志，或者查询演出表。为客人推荐产品是个重头戏，这样，你就和客人建立了关系。我们必须知道他们需要什么，然后对他们说：‘嘿，我们觉得你应该喜欢这个。请试听一下。’这种激情使我们一直保持今天这个地位。”

假如斯毕勒音像店能够创造出人们所需要的更多、更好、更快、不同、更少，以及更有趣，它就可以存活下来。如果不是，它就不能存活。没有任何最佳做法可以拯救它，只有更佳做法和下一步做法可以。斯毕勒的竞争对手和顾客群不会停止改变，因而，它必须回应。正如伍迪·海耶斯告诫人们的那样，保持现状纯粹是个神话。

第9章　建立储备

采用幸存者的秘诀。

1956年，我二表哥卢·桑布恩准备参加国际跳伞比赛，他在法国训练时肩膀受了伤。当时，部署袋和袖子还没有产生，当降落伞撑开、抓住气流并自由下坠在空中漂浮时，部署袋和袖子能减轻跳伞运动员所受到的冲击。当到达比赛地点莫斯科时，桑布恩自行改装了吊索，希望减轻他受伤的肩膀可能受到的震动。

在比赛预备阶段，他进行了第99次跳伞，这是他的试跳，他跳得很顺利。在比赛开始的头三次跳伞，也跳得不错。但在他的职业生涯第103次跳伞时，他遇到了麻烦。

“在世界级比赛中，我的主伞盖上有条饰带，”卢说，“这实在是太令人尴尬了。”

主伞没有正确打开时，就会出现这样的饰带，以致伞盖在空中打转。这不但令人尴尬，还可能致命，因为失控的伞没有提供阻力，跳伞运动员也就无法减速。于是，卢只好切断主伞，打开备用降落伞，以便安全着陆。

如今，卢跳伞已超过7000次，原本可以成为美国第一位持有执照的职业跳伞运动员。他在准备81岁生日以及计划下一次跳伞时，我和他聊了聊。正如1956年的那天一样，他的计划中包含了备用降落伞。

“若没有备用降落伞，我决不跳伞，”他说，“除非事发紧急，否则，我连想都不会这样想。”

跳伞运动员大概一千次跳伞中才用到一次备用伞，若降落伞的伞盖越小，他们使用备用伞就会更多一些。卢已经好几次用到他的备用降落伞了。

统计概率无法帮助像卢这样的跳伞运动员预测并预防差劲的降落伞。他们不清楚那一千次当中的一次意外，将出现在他们的首次跳伞中还是出现在第一千次，抑或在两者之间。

尽管跳伞界近年来有了很多安全措施方面的创新，但每次跳伞依然会有风险。因此，所有跳伞运动员都要携带备用降落伞。你可以称之为“幸存者的秘诀”，即建立储备，以保护自身所重视的东西。

储备经济学

健身运动的发起人杰克·拉兰内，创新而充满激情地推广健康的饮食和运动，他的某些观点很有趣，尤其在生活乐趣方面。他完全赞成要有这些乐趣，即使对你不太好的乐趣，他也赞成。

饮酒，彻夜泡在舞会上或酒吧里……在拉兰内看来，这些恶习是可以接受的，但仅仅针对那些愿意付出代价的人。这些代价并非金钱上的，而是身体上的。拉兰内于2011年去世，享年96岁。他反对放纵，但奇怪的是，他并不反对那些对身体不好的东西。那么，他是如何解释这些看似矛盾的观点的呢？

“他们已赢得了一个权利，”拉兰内在他70岁生日前的一个访问中提到，“如果你开了一张1000美元的支票，而银行里只有500美元，你就破产了。但如果你有5000美金的存款，你就可以开出1000美元的支票了。你对生活的投入，是可以兑换出来的。”

我不会采纳拉兰内的极端观点。俗话说：“仅仅因为你能做某件事情，并不意味着你就应该去做。”再说，他是在评论这些行为对身体的影响，而不是道德影响。但作为一名经济学家，我发现他的方法是很基本的。实际上，这简直与我的大学经济学教授弗兰西斯·麦克米克的入门课程一模一样。麦克米克教导我们，经济学是关于资源配置的。定期节省和培育一点点，相当于可以长久拥有很多资源。当你建立起资源以后，你就可以把它取出来，想用在哪里就用在哪里。

紧接着，麦克米克用单位来解释资源分配。假设你有四美元，左岸酒吧的啤酒一杯卖两美元，而桨房酒吧的啤酒一杯卖一美元。你在左岸的单位是两个，而在桨房的单位是四个。

我想，这是很有用的信息。

也就是在这个时候，我才意识到，经济学就是关于生活。我们只有这么多的时间、精力、金钱和专长。我们决定如何分配那些资源——利己利人或损己损人。我们拥有的越多，可供使用的也就越多。或用在自我享乐，如拉兰内所言的那样；或用于高尚的事业中，例如帮助朋友、家人和社区；或应付紧急情况，如使用备用降落伞。

在哪里建立储备

所有人都渴望繁荣富足，但如果我们没法生存，我们就无法繁荣。如果我们没能建立储备，来保护我们认为有价值的东西，我们就无法生存。

对于初学者来说，我们用重要的人际关系、有价值的项目和潜在客户使我们的管道保持满溢，我们已经在第6章阐述过这些内容。这是创造价值的一部分，让我们处于一个将会取胜的位置上，无论周围环境如何。但主伞盖无法打开的时候，为了保护好这一价值，我们最好要有些储备。

我们都需要在财务、健康、心理和灵性这四个主要领域上建立储备。

我称这些资源为“半有限”资源。有些资源是固定的，譬如时间。我们每天都拥有同样的24小时。我们可以在那些时间里提高效率，但我们无法增加时间本身。

其他资源也有限度，但我们很少测试那些限度。我推举杠铃的重量是有极限的，但如果我花更多的时间来举重和锻炼肌肉，我可以改变那个极限。但是，我可能永远也发现不了自己推举杠铃的极限，因为我不会强迫自己去达到那样的高度。

我们的限度很重要，因为它们塑造了我们投入多少到储备资源中。发展自身资源并知道如何合理分配它们，也就是每天使用多少、储备多少，取决于我们自己。

财务储备

以下是一些令我不安的数据。雇员福利研究机构2011年的调查显示，29%的员工说他们的存款和投资不足1000美元，而56%的人说，除了他们的房产以外，存款和投资总额不足25000美金。

换句话说，他们的财务储备很少，甚至几乎没有。

> 你我所能得到的最好的财务建议，依然是花的钱一定要少于赚的钱。

你我所能得到的最好的财务建议，依然是花的钱一定要少于赚的钱。理由很简单：只有在境况不好的时候，我们才需要存款；因为在这种情况下，我们无法创造它们。因而，我们只能在顺境和平常境况下建立储备。然而，大部分美国人并没有实践这一基本的财务原则。

我深信，无论环境如何，我们都应有所储存。可能有些时候，我们无法存得太多，但即使我们存了一点点，也比什么都不存要好些。有一个故事说，一个60岁的老人不愿上西班牙语课，因为他认为自己需要耗费10年时间，才能学会这门语言。

“那时，”他说，“我都要70岁了。”

“是这样，没错，”别人答道，“但你如果不学这门课程，到了70岁，你也还是不会说西班牙语。”

改变我们的消费和储蓄习惯，并不容易，更何况我们的消费文化将购物定义为一种业余爱好！但我们依然有可能做出改变。要想建立财务储备，首先得做出一个承诺，而且这样做永远都不会太晚。

倘若你在寻找一个切入点，那么可以列张清单，列明你在过去几个月所有的花费。做一个预算，写下偿还所有债务和储蓄的策略和方法。学习一门财务管理的课程，并寻求周围人士的帮助，你需要他们的问责和鼓励。当你走过某些里程碑，开始建立储备时，他们会和你共同庆祝。

健康储备

你可以对杰克·拉兰内的观点提出各式各样的道德问题，但从实用角度来看，很难和他的中心思想辩论。通过饮食和运动来建立健康储备，能减轻身体受到的负面影响。我甚至认为，如果自我中心和自我摧毁的行为越少，那些负面影响相应也就越少。此外，我还认为，自我摧毁的行为所带来的影响，需要很多年才能显露出来，因此，培育一个错误的安全感是很容易的。

但照顾好身体可以为自己提供一些必需储备，这一点我很赞成。那样，你就更少生病。你通常会感觉更好，思维也更清晰。一旦发生你掌控不了的事情，譬如我的癌症，你也能够更好地应对，并很快恢复。我建议不要参加通宵晚会、远离毒品、不要酗酒；同时，建立一些健康储备，这样你就可以偶尔尽情享用甜面圈、甜点或做些令你内疚的其他事情。我发现，当偶尔放纵变为经常放纵时，它对人就有害了。而且偶尔与经常这两者之间，是一个滑坡。我已学会对这些放纵加以设限，比方说，一周只吃两次红肉。

不仅如此，诸多研究都支持运动所带来的思维益处。亚利桑那州立大学的丹尼尔·兰德斯博士在一篇报道中这样总结：“有足够的证据证明，运动的确与提升思维健康密切相关。”在减轻压力与忧郁的例子中，这点尤其明显。对于这些话题，针对数以千计的对象的数百个研究，提供了可观的证据，支持这一论点：“锻炼就像是忧郁与紧张的解药。”

心理储备

我们可以继承一大笔钱，也可以中大奖，但无法在短时间内建立心理储备，相反，心理储备需要我们慢慢地去建立。越来越多的证据表明，诸如运动、饮食、休息以及强有力的人际关系等因素，可以导致心理健康，这一切对于大多数人来说，比药物或治疗更重要。

对老年人的研究表明，近三分之二的老年人死于老年痴呆症，很多是晚期病例，也就是说，他们还活着的时候并没有出现什么病症。科学家们视之为“认知储备”的缺失。“认知储备”即大脑形成并保持额外神经元，以及使这些神经元保持连接的能力。

这些储备可以用多种方式来建立并强化，从挑战智力的事情开始。因而，坚持学习和阅读好的书籍极其重要。谁又能想到，我们可以将纵横字谜等游戏归类为预防药物呢？

稳固的人际关系网也会挑战我们、激励我们，并提供支持。饮食和运动使我们保持身体健康，以便我们能恰当地为思维提供燃料。休息则帮助我们思考得更为清晰。

先在小事上操练释放压力，久而久之，在大事上释放压力便会更容易些。

我曾听说人们将疲倦定义为乐趣的消耗殆尽。通过必要的休息，我们得以避免疲倦，并保持活力。你若饮食得当，运动适量，将会休息得更好。当然，生活的压力使我们夜不能寐，因而我们便面临一种循环挑战：我们需要更多休息，才能减缓自身的压力，但压力又使得我们很难放松和休息。

这种问题没有简单的答案。但我深信，我们可以像应对其他挑战一样应对压力和焦虑，通过锻炼逐步提高抵抗力。换句话说，先在小事上操练释放压力，久而久之，在大事上释放压力便会更容易些。挑选一个微小的烦恼，并立即有意识地放弃那个烦恼。释放轻微的沮丧，可以帮助我们应对更严重的沮丧。

灵性储备

大多数人都赞同，生活中有一种灵性导向，直接影响到我们如何定义成功。

民意测验专家乔治·盖洛普支持这一观点。他在一个生活网站的访谈中说道，“你信仰越深，你在社会上就会受到越大的影响，你有更好的外观、更健康的生活方式、更强烈的自尊感和爱人爱己的心，而这些影响是可以量度的。”

通过操练你的信仰原则，例如祷告、读经、研究神学等，你可以建立一些储备，使你在风浪中亦能得享平安。我发现，每天早晨安排时间看书、思考和祷告，为我的一天打下了一个积极的基础。南加州大学的哲学教授达拉斯·魏乐德在《心灵的更新》一书中提到：“因着上帝的恩典，经过精心培育的心灵，能够预见、预防或扭转大部分痛苦的局面，而其他人在面对相同处境时，则只会像无助的孩童一样，站在那里问，‘为什么这样啊？’”

我们都需要储备，以使我们在顺境、逆境以及所有介于两者之间的境况中都站立得住。它们不仅对我们的成功至关重要，对于我们的生存亦是如此。一旦你离开了飞机，再加一个备用伞就太晚了。建立财务储备、健康储备、灵性储备和心理储备，需要我们付出努力，但如果我们持之以恒，我们就能在任何挫折中生存下来。

第10章　表达感恩

探寻消极思维的解药。

约翰·克拉里克一生抑郁，但他构思了一个简单的计划，要从抑郁中挣脱出来。他52岁，总是活在墨菲定律中：“只要会出错的，就总会出错。”他离了两次婚，生意濒临破产，财务紧张，年龄稍大一点的孩子和他很疏远，小女儿和他的关系也不好。他当时住在一间窄小的公寓里，超重40磅，女朋友又和他分手了。

到底是什么扭转了他的人生呢？

是感恩。

首先，在圣诞节，他收到了一份礼物——前女友的感谢信，他对此很感恩。被这份感恩所激发，他将人生的焦点从他失去的东西，转移到他拥有的东西上，通过写感谢信，他把这个新的专注点付诸于行动。他决定写365封感谢信，每天一封，坚持一年。他在《365个感谢》一书中阐述，实行这个简单的计划改变了他的生命。

克拉里克声称，当他深深思考自身的处境时，他仿佛听到上帝在跟他说：“除非你学会对自己所拥有的东西感恩，你才能得到你想要的东西”。他一下子顿悟过来。

感恩之举

我们很容易也经常将感恩仅仅视为一种感觉。但克拉里克发现，它远非如此，感恩还是一种情感反应。因此，感恩是我们所做的事情，而不只是我们是什么样子。

感恩是一种感觉，同时伴随着行为，有时是即时、情绪主导的行为，有时是源于自我反思和他人忠告的策略性行为。因此，当别人把我们从着火的房子里救出来时，我们可能会很感谢他。如果我们策略性地奉献自己的时间、金钱和精力给慈善事业，那很可能是因为我们对那个慈善机构的工作、对在那里工作的人，或者它所创造的具体成效很感恩。有时候，我们愿意付出，仅仅是因为我们意识到别人给予了我们那么多。《圣经》里有一则“穷寡妇的故事”。有一个寡妇很穷，但她还是倾其所有将她的两个小钱奉献给了上帝。这个故事告诉我们，无论我们拥有多少，都愿意付出。

这个道理也同样适用于个人。我一个朋友的女儿目前在小儿科新生儿重症病房当护士，也就是说，她照顾那些生来就极度虚弱的早产儿。

那些孩子的父母总是想方设法向她表示感恩——送花、写感谢信等，感谢她对他们新生儿的照料，这一点也不奇怪。父母们与她保持联系，有时候长达多年，从不吝啬他们的感恩。当这位年轻护士从公寓搬到自己的第一所新房子时，一对夫妇送给她一台割草机。一对心存感恩的夫妇安排她去相亲。后来，她就嫁给了相亲的对象。

当家长们那样对待她时，你猜，那个护士做何反应？她自己也学会了感恩。她感谢同事、感谢医生们、感谢自己受到的训练、感谢父母的支持和赞扬。此外，她也为自己收到的割草机而感恩，更何况，她现在还有了一位可以使用它的丈夫！

我们需要感恩的理由，不胜枚举。对我而言，感恩从信仰、家庭和朋友开始，这是我生命中最珍贵的。我们可以感恩团队成员创造的价值，以及我们在工作中所交往的人创造的价值。我们可以感恩自己所遇到的机会，甚至可以感恩从生活的试炼中所学到的教训。

我们回应感恩所采取的行动，实际上就是感恩的一部分。这是付出的良性循环，源于我们对生命中所珍惜的人、事、物的感恩。表达感恩，让它来保持你的正确视角，引导你的人生焦点。

感恩与恩典

英国哲学家兼作家罗杰·斯克鲁顿发现，感恩在意思和意义上发生了转变。他说，我们过多地将感恩局限于“某些特殊情况，得到他人帮助的时候所做的事情”，而不是在我们每日生活中传授、推广和有规律地表达诚挚的感恩。

随着政府接管了曾经由慈善机构发挥的功能，斯克鲁顿在给《美国观察者》杂志的一篇文章里写道，公平的概念已取代了慈善的概念。好处被平均分到人们手里，而不是作为礼物送给有需要的人。在很短时间内，礼物就成了

“权利”，宣称代替了感恩。人们对自认为属于自己的东西，感恩少得多了；他们更不可能将自己所得到的每一样东西都视为恩典，即一份本不应得的礼物。

恩典和感恩密不可分。恩典养育感恩，而感恩则给恩典增添燃料。你越感恩，你就会送出去越多的恩典。你送出去的恩典越多，你就会越感恩。感恩创造了心灵的充实感，而这种充实感又带来了仁慈。

你越感恩，你就会送出去越多的恩典。你送出去的恩典越多，你就会越感恩。

正是因为缺少这一品质，太多人没法经历成功。若没有恩典与感恩，一个人无论贫富，或者普普通通，都不会有平安与喜乐，更不会有成功。

长期忘恩的人从不满足。

长期不满足的人从不感恩。

反之亦然。

长期感恩的人总是很满足。

长期满足的人总是很感恩。

因而，表达感恩对于我们在各样环境中的成功至关重要。当你处于顺境时，这个礼物可以提醒你不要将祝福视为理所当然。当你处于逆境时，这份礼物可以缓解你的悲伤和悔恨，同时提升你对未来的希望。当你普普通通时，它可以提醒你，感恩并非依靠环境，无论是顺境还是逆境。

感恩是一份礼物

感恩本身就是一份礼物。

首先，感恩是一份**视角**的礼物。无论我们失去了什么，感恩都促使我们专注于自己拥有的东西上。它专注于正确的事情，而非错误的事情上。它实际上感染并影响了我们的态度（回想一下乐观主义者倾向这一章）。有人认为，积极思维是消极思维的解药。其实不然。感恩才是消极思维的解药。

感恩还使得我们不再沉浸在自我中，因为它让我们看到一个比我们自己大得多的生活目标。

试想一下这样两位企业家。其中一位开办公司，目的是创造业绩、获得利润，以便自己的财富增长，可以早日退休，享受自己的劳动成果。另一位想通过开办一家能创造业绩、获得利润的公司，让顾客、员工和周围的世界变得更加美好。一家公司是为了发财而开办的，另一家则是为了服务他人。这两位企业家，一位是自我中心的视角，另一位则以他人为中心。一位用自己应得的态度来对待生意和生活，而另一位则用感恩的态度来对待。

感恩是消极思维的解药。

其次，感恩是**能量**的礼物。意识到我们在生命中拥有什么以后，我们就会更加充满能量，并会做一些事情来回应。我们会表达谢意，用卡片、礼物、话语、服务等，让我们的感情箱子满溢。你可能没意识到，但感恩不仅提升了他人，也提升了你自己的心理储备和灵性储备。

第三，感恩是**引导**的礼物。感恩提醒我们，我们要珍惜什么，什么东西对我们重要，也提醒我们应把时间、行动、金钱和注意力集中在何处。当你越来越清楚最应当感恩的是什么时，你的优先次序就变得清晰起来。

第四，感恩是**达观**的礼物。没有一个癌症患者会跟你说他很感谢这个疾病。坦白说，那种开心的话毫无意义。但很多身患癌症或从癌症、从生活中其他类似的挑战中活过来的人，都会告诉你，他们从这样的经历中收获很多，并对此很感恩。对我而言，那场疾病太可怕了，但它提醒我，自己已得到了如此多的祝福，这使我振奋不已。在生活的试炼中学习和成长，是对我们无法掌控的事情的成熟应对。

行为导向的感恩

表达感恩需要采取行动。那么，我们可以采取哪些行为来表达感恩呢？以下有三个简单的行为步骤：

从感恩的心态开始。感恩是一种心态。当你数算恩典时，你就是在思考这些恩典；当你思考它们的时候，你就会有所行动，通常是用你从未想过的方式。《圣经·箴言》的古老智慧听来依然真实可靠："因为他心怎样思量，他为人就是怎样。"（箴23:7）培养一种感恩的心态，你就会成为一个感恩的人。

我的朋友蒂姆·桑德斯写了一本书，名叫《如今我们很富足》。书名源于他和祖母的一次经历，当时他祖母把一些钱赠给有需要的人，并说了类似书名那样的一句话。他那时虽然还小，却清楚知道自己的家庭并不富足。所以，他问祖母，她所谓的富足是什么意思。

祖母说："我们有能力去付出，并且愿意付出，这就是富足。"

付出并不是说你拥有多少财富（想想"穷寡妇的故事"），而是说你在精神上多么富足。感恩的人是付出的人。对他们而言，感恩不仅仅是一种感觉，它还是一种实践，它通过付出而表达出来。

顺便说一下，蒂姆对于感恩有一个很棒的计分系统。他这个计分系统的顺序是：人、机会、经历、事情。他希望用这个次序来建立感恩的心态。如果朋友送他一只漂亮的手表作为生日礼物，他会首先向朋友表示感恩，而不是先对手表感恩。

安排感恩。有了感恩的心态以后，你就能安排感恩了。这听起来或许很机械，很死板，但却是培育有力习惯的一种方式。把感恩写在日程表上，直到它成为你的第二天性。每天安排时间，列出当天所发生的好事，写信给那些对你很友好的人。当你看到朋友在微博上的好文章或者好的分享时，记得给他或她发一条感谢短信，或者在留言版上跟感恩的帖子。

尽自己所能地付出。有了感恩的心态以后，付出的机会就会在你身边不断涌现。千万别错过这些机会。你或许会觉得有一股冲动，想去做一些近乎荒诞的事情（例如带一个无家可归者去吃午饭，而不只是给他或她一点现金），那就尽管去做吧！计划好你的付出，无论是你的时间还是你的金钱，但别忽略机遇，随时随地地付出。这样，你得到的益处会比你想象的更持久地留在你身边，无论你处于顺境、逆境还是平常境况，它们都能很好地帮助你。

第11章　拥抱自律

持续不断地做刻意的事情。

我有一个朋友叫斯科特·金斯伯格，是一名成功的企业家和演讲家。他问过我一个尖锐的问题。他问我：“马克，你每天会做哪三四件事情，使你的生意越来越好？”

成功不在乎我们知道什么，相信什么，或打算做什么，而在乎我们持续不断地做什么。

斯科特深谙成功的基本原则：不看我们知道什么，相信什么，或打算做什么，而是看我们持续不断地做什么。所以，若想让顺境最大化，逆境最小化，并在平常境况下突破自我，我们就需要一个超越良好的意愿。我们需要一个重要的元素，去推动这个过程前进。

我们需要拥抱自律，让它成为我们成功的推动力。

自律是我们在不愿意做的时候，仍然去做我们需要做的事情的能力。它是联络我们的智力意愿和行动肌肉的连接组织，也是开展任何行动的关键，就如身体各个部分的肌肉是联络一体的一样。断断续续的行动比什么都不做要好，但持续不断地做正确的事情，对我们的裨益最大。

无论我们周围的环境如何，自律都让我们去培育我们所珍惜的东西，并让我们准备好取得成功。它把我们的良好意图付诸行动，但它又不是一个条条框框、让我们缩手缩脚的法律信条。换言之，它推动我们的结果，但不是我们的生活。应当由我们的价值观、梦想、抱负和愿望来推动我们的生活。自律推动能创造结果的整个过程。

何为自律

每天早上，在我去上班的路上，我总能看到同一位女士在相同的路径上跑步。我不认识她，但当我看到冉冉升起的太阳时，就会看见她在阳光下健跑。

我只能猜测她跑步的动机。或许，她只是想保持身材（建立健康储备）。也许，她是一名优秀的运动员，跑步是她训练计划的一部分。但有一点我很肯定：她很自律。自律并不是那么诱人，因为那需要像规律的钟表那样持之以恒。

当这个不受欢迎、毫无诱惑力的自律原则被应用于本书中所讨论的思维模式和方法时，它将推动你走向成功。但什么是自律？这个原则和其他原则有什么不同呢？现在，让我们来探讨自律的艺术吧！

自律需要有远见的信念，而不是盲目的信念。自律是在当下做出投资，目的是在将来获取收益。因为盲目的信念，你做出行动，但并不知道你的行动是否能带来你期待的结果。这是无知的一种方式，它依赖于你无法控制的因素，例如运气。有远见的信念是基于你对自己的认识和相关信息的理解。它有助于你管理和降低风险。它告诉你，现在事情不顺利，并不等于将来也不顺利，只要你坚持不懈，它就能做成。我确信，那位每天晨跑的女士在跑步时不会立即感受到运动的益处，但她肯定知道这对她未来的健康是有好处的。

自律始于动力。自律远远不是对你正在做的事情感觉良好。请记住，有时我们并不想做那些我们必须做的事情。关键是，你要有行动的动力，这些内在的动力必须足够有力量，足以让我们保持自律。虽然别人可以激励我们，让我们保持动力，但归根结底，这是一件内心的事情。只有你才能在大清早把自己从床上拽起来，去做那些必须做的事情。如果你的背后没有动力，你肯定就不会行动。

自律包括做出好决定的计分系统。你的行动从你的决定开始，所以一个核心的自律应该能让你持续不断地做出正确的决定。一个你应该使用的、用来决定你的成功定义的计分系统，应该能在你生命中的所有其他领域发挥作用，包括你做决定的过程。

举个例子，我有一个选择生意机会的系统：有趣的人，有趣的利润，有趣的地方，有趣的项目。如果一个项目无法满足这其中的两点到三点，这个项目对我而言肯定不是好项目。当然，在生意场上，利润是很重要的，但你需要拿它和你认为重要的其他事情做出权衡。我曾放弃可能带来很大利润的生意，因为我对它们毫无激情，或者我和潜在客户的价值观不同。

自律总是走一条有阻力的路。走一条阻力最少的路，看起来是聪明的表现，但当你走那条路的时候，你并没有培养肌肉和意志。事情倒是很快做了，但这个过程并没有让你变得更好。

如果你走的是一条很有阻力的路，你就会发现，困难和挑战能培养毅力和技能。如果你经常走山路，你就会发现，最美丽的风景总是出现在最有挑战路段的最后。

当你走一条有阻力的路时，你就会告诉他或她需要听到的话，而不是这个人想听到的话。也许你会选择用自己的体力去做一些事情，而不是让机器来做，这必然意味着要走出自我，去服务别人。阻力最小的路通常会依赖“系统”去帮助那些有需要的人。走一条有阻力的路，并不意味着你可以或应该去帮助所有人，但它避免了冷漠待人的悲惨结局。

最美丽的风景总是出现在最有挑战路段的最后。

有阻力的路也训练我们在遇到大困难时不轻言放弃。1920年代，沃尔特·迪斯尼遇到了几次重大财务危机，1930年初，他总共欠下了400万美元的债务。但在1938年，他把筹集到的所有资金都投入在了制作《白雪公主和七个小矮人》这部电影上。结果，这部影片的成功不仅使迪斯尼公司起死回生，而且还留下足够资金让迪士尼建立了新的电影厂。

“当事情发生时，你可能不会意识到，”迪斯尼后来说，

“但被击落门牙，也许是这个世界能给你的最好礼物。”

自律付出了成功所必须付出的辛苦努力。如果成功那么容易，每一个人都会去做的，对吗？自律需要坚毅的意志，以及愿意付出别人所不愿付出的努力和精力。我所认识的最优秀的演讲家，是那些花最多时间来研究听众需求并精心准备讲稿的人。场上一出戏，场下十年功。

大文豪萧伯纳说过：“当我年轻的时候，我发现，我所做的十件事情中有九件是失败的。我不想做一个失败者，所以我做了十倍多的事情。”

为重要事情安排时间

在第二章里，我们谈过使我们忽略做重要之事的那些阻碍。为什么有时候你明明知道该做什么，却不能持续不断地做下去呢？因为你未能安排时间给这些真正重要的事情。我们从下面四个方面来解释如何安排时间并坚持做重要的事情。

修改。修改你要做的事情，以便你可以少花时间在某些事情上。你可以一整天忙着看电子邮件、浏览网页、寻找有趣的图片或视频。你也可以调整你的行为，不再让科技掌控你，而是你掌控科技。

调整。调整你的时间表，以便你先做重要的事情。你不应该从容易的事情着手。从最重要的事情着手，以便你可以在重要的事情上取得进展，然后再去做那些日常的惯例性的事情。

知道。知道什么事情是重要的。没有清晰的优先次序，你就很容易把时间和精力投入到没有多大回报的事情上。你的优先次序需要基于你的价值观，而不是别人分配给你的重要程度。

消除。消除坏习惯。每一个不经审视的习惯都有着成为坏习惯的可能性。也许你有正确的理由来开始某一个日常惯例，但随着时间的流逝，事情会改变。扪心自问，如果我停止做这件事情，会怎么样？你的回答可以帮助你做出决定，是终止、减少还是改善这件事情。

每天的自律

画家用画笔一笔一画地创作一幅艺术作品。作家一字一句地书写他们的作品。工匠用一块一块的瓦砖盖起一座大教堂。那么，什么是你今天的画笔、字句和瓦砖呢？你每天的自律是什么呢？也就是你每天所做的事情，能确保你无论处于顺境、逆境还是平常境况，都能获得成功。

在前几章里，我们谈到了几个可行的事项，但下面几件事情是每天（至少是经常性的）需要做的自律，它们是在顺境、逆境或平常境况都需要做的。

计分系统。有目的地选择和评估你的计分系统。

乐观倾向。每一天开始的时候，都期待自己做到最好，以及能从工作中得到美好的结果。

学习者心态。每一天都学一些东西，每一天都读一些书。

创造价值。列出一份你能提供的、别人认为有价值的事项清单，以及认为你做的事情有价值的人的清单，持续不断地评估和改善它。

建立联络。每一天安排时间来关心你重要的人际关系。在一天结束的时候，思考一下，看看哪些机会你抓住了，哪些你忽略了。

不断创新。列出一份有可能成为你的“下一步做法”的清单。每天寻找方法，使你提供的价值更多、更好、更快、不同、更少以及更有趣。

建立储备。每一天，按照优先次序，在你的财务、身体、思维和属灵等方面——“锻炼你的肌肉”。

表达感恩。每一天，给别人一个真心的赞美，或者写一张感谢的卡片。

第12章 总结：如何在任何时候都成功

坚持不懈将有生产力的行为

转化成积极的习惯。

在任何时候都成功，无论任何境况，这是可能的吗？我的经验告诉我，这是可能的。我不是在玩弄文字游戏。如果成功是关于持续不断地做正确的事情，知道我们最终会从这些事情中受益，那么唯一真正的失败，就是我们中途放弃、打退堂鼓，并又回到开始时的现状中。如果成功仅仅意味着我们想要什么就能得到什么，什么时候想要就能要的话，那么我们不可能在任何时候都成功。但是，如果成功在于即使前方有困难和障碍，我们依然勇往直前，那么成功其实就是一个我们在任何时候都可以做出的选择。

随着你读到本书的最后几页，你很可能对顺境、逆境和平常境况下这三个阶段感同身受。你或许处于顺境，诸事如意；你也许处于逆境，生活的方方面面都一落千丈；

或许，你被困在碌碌无为的平淡中，毫无作为。

也许，你同时正在经历这三个阶段。你可能会说："我的事业蒸蒸日上，但我的家庭关系却一落千丈，而我的身体状况也很一般，毫无改善。"

本书的焦点一直是，无论身处何种环境，你都应当去做该做的事情。但是，有一些事情，无论你处于顺境、逆境还是平常境况，你也许需要做得更多。当你把本书的原则或付诸实践，或与人分享时，请记住这些事情。

当你处于顺境时，你需要谦卑和视角。当然，你努力工作，最后赢得胜利，但这一切不是你一个人的功劳。我们没有任何一个人是单打独斗成功的。其他人和一些你不能掌控的外力，也为你的成功贡献了力量。因此，你不可将你的顺境视为理所当然。你需记住，挫折是不可避免的。如果你停止做使你置身顺境、减少潜在麻烦的事情，挫折将会急速来到。

让自己被那些能使你站稳脚跟的人包围起来吧！

当你处于平常境况时，你需要发力。平平常常会导致自满。你既不热也不冷，感觉很舒服。当你处于平常境况时，没有什么大的胜利值得庆祝，也没有让事情变得更好的紧迫感。你知道你可以改善，但你安于现状，对于改变无所谓。

让自己被那些挑战你朝着正确方向不断前进的人包围起来吧！

当你处于逆境时，你需要希望。生活中，你面临的最大破产不是财务上的，而是失去希望。绝望不仅让你失去力量无法前进，而且使你怀疑努力的必要性。如果你失去希望，你才是面临真正的破产——思维上、精神上以及情感上的破产。

我清楚地记得，几年前我和几个最亲密的同事聚会。在那之前的20年里，我们的生意连续每年都有增长，一年比一年好。但其中一个同事却遭受生意上的沉重打击。我们其中一个最有智慧的同事给了他一个忠告：“如果你活得足够长，你肯定会经历挫折。当它发生的时候，你无需惊讶或过于沮丧。生活是一个循环。只要持续不断地做正确的事情，直到循环结束。”几年后，当我在我人生的第一个重大挫败中挣扎的时候，这些话大大地鼓励了我。

让自己被鼓舞人心的人包围起来吧！

实践中的坚持不懈

无论是处于顺境、逆境还是平常境况，都有一个基本要素可以帮助你成功：坚持不懈。坚持不懈是贯穿本书的重点，因为坚持不懈可以将有生产力的行动转化成积极的习惯。

这让我想起了尼古拉斯·麦克斯。

尼古拉斯出生时，双手只有肘关节以上的部分，双腿也只有膝盖以上的部分。但10岁时，他就学会了用假胳膊握笔写字。他如此刻苦地练习写字，以至于可以写书法。他的老师们推荐他参加全国书法大赛，裁判们对他的书法赞叹不已，于是专门为残疾学生设立了一个特别奖项，并以第一个获奖者的名字来命名——“尼古拉斯·麦克斯优秀书法奖”。

他的父亲埃弗里特·麦克斯亲眼目睹了儿子在这个过程的挣扎，他和许多钦佩他儿子的人一样，受到了极大的鼓舞。“无论什么事情，”埃弗里特这样评论他的儿子，

“只要他想做这件事情，他就会全身心投入其中，直到他达到目标为止。”

我的书同时也鼓励了我的好友约尔。在我写这一章时，约尔告诉我他失业了——这是他两年多来第三次失业了。并非是他的表现不够好，而是压力太大，是经济不景气影响到了他从事的行业。约尔是一名经验丰富的职业销售员，工作努力，为人正直。然而，他再次失业，需要找新的工作来供养他的家庭。我为我的朋友感到难过。但当他告诉我他的近况时，我发现，他并没有我想象的那么担心未来。

为何他没有任何焦虑或气愤呢？他并不是无所谓，他只是对未来抱有信心。

难道他异想天开？逃避现实？过度乐观？

都不是。他只是坚持不懈。他知道自己绝不能放弃，他清楚地知道，如果不断努力，事情就会好起来。

虽然我的朋友没有读过这本书，但他已经使用本书的许多原则了。他的经历证实了这些原则的可行性。在他职业生涯的巅峰，这些原则为他工作；在他事业的低谷，这些原则和他同舟共济。

虽然你不认识约尔，但我希望你也有他那样的心态，那就是，你的信仰和价值观为你提供了一个面对成功和困境的基础。你是一个时刻准备好迎接顺境、逆境和平常境况的人。这并不意味着你能事事如意，但你的价值观和持续不断的努力，能将你推向成功的坦途。

这就是活在顺境、逆境和平常境况时的秘诀。